电力变压器
非电量组件性能检测
与故障诊断技术

赵 军 主 编

曾四鸣 彭晓帆 副主编

中国电力出版社
CHINA ELECTRIC POWER PRESS

内 容 提 要

本书系统和深入地介绍了电力变压器非电量组件的有关原理和基本结构，并对非电量组件的性能检测、缺陷判定、故障诊断及运行维护提出了指导性方法和建议，同时对电力变压器非电量组件未来发展的方向提出了一些新的想法，对非电量组件的基础性研究有一定的前瞻性。

本书可供电力系统运行、检修及试验等专业技术人员、相关工程管理人员、大中专高等院校相关专业师生和制造厂家参考，也可作为电力系统、高压绝缘等专业技术人员培训教材使用。

图书在版编目（CIP）数据

电力变压器非电量组件性能检测与故障诊断技术/赵军主编．—北京：中国电力出版社，2022.7
ISBN 978-7-5198-6827-7

Ⅰ.①电… Ⅱ.①赵… Ⅲ.①电力变压器-非电量测量-组件-性能检测②电力变压器-非电量测量-组件-故障诊断 Ⅳ.①TM41

中国版本图书馆 CIP 数据核字（2022）第 100886 号

出版发行：中国电力出版社
地　　址：北京市东城区北京站西街 19 号（邮政编码 100005）
网　　址：http：//www. cepp. sgcc. com. cn
责任编辑：陈　倩　马雪倩
责任校对：黄　蓓　马　宁
装帧设计：王红柳
责任印制：石　雷

印　　刷：三河市百盛印装有限公司
版　　次：2022 年 7 月第一版
印　　次：2022 年 7 月北京第一次印刷
开　　本：710 毫米×1000 毫米　特 16 开本
印　　张：11.75
字　　数：219 千字
印　　数：0001—1000 册
定　　价：60.00 元

编　委　会

前　言

随着电力设备保护技术的不断进步，变压器用压力释放阀、变压器用温控器、变压器冷却器用油流继电器、变压器用油位计、断流阀、SF_6气体密度继电器等非电量组件得到了广泛的应用。这些组件通过压力、压力增量、温度、流速、容积、密度等物理量监测电力变压器运行状态，在电力变压器出现故障时，借助非电量组件对变压器的保护作用，能够最大限度将事故控制在一定范围内，对于电网的安全运行具有重要意义。

鉴于电力变压器非电量组件对电力系统安全运行的重要性，国内各电力企业和相关单位，大多已开展了电力变压器非电量组件的性能检测工作，对非电量组件的产品质量提升也起到了一定的促进作用。随着电网设备电压等级的不断提高，电力变压器非电量组件的状态检测对于电网安全运行的重要性日益凸显，但国内尚无电力变压器非电量组件性能检测与故障诊断的专业书籍，加之各电力企业和相关单位对非电量组件的认知及管理方式的差异，使得非电量组件的保护作用未得到充分发挥。

本书作为一本电力变压器非电量组件专业书籍，撰写时查阅了大量非电量保护文献资料，总结了相关研究工作成果，系统和深入地介绍了电力变压器非电量组件的有关原理和基本结构，对非电量组件的性能检测、缺陷判定、故障诊断及运行维护等方面提出了一些建议，同时对电力变压器非电量组件未来发展的方向也提出了新的想法。

本书在编写作过程中，编者得到了国网新疆电力有限公司、国网山西省电力公司电力科学研究院、国网天津市电力公司电力科学研究院、郑州赛奥电子股份有限公司等单位的大力支持，也得到了业界专家、学者们的无私帮助，同时对书中引注和未引注的所有参考文献作者，以及中国电力出版社编辑人员的辛勤工作，在此一并表示感谢。

鉴于编者自身水平和经验有限，书中难免有疏漏之处，望同行们斧正，编者深表感谢。

编者

2022 年 1 月

目 录

第1章
电力变压器非电量组件概述

电力变压器故障分为油箱内故障和油箱外故障两种形式。对于油箱内故障而言，根据故障动作或发信的物理量，一般将变压器保护分为非电量保护和电量保护两种形式，其中电量保护是指由电气量反映的故障动作或发信的保护，其保护的判断依据是电气量（电流、电压、频率、阻抗）；而非电量保护指由非电气量信息作为保护动作依据的继电保护，其保护判断依据是非电气量（流速、压力、温度、瓦斯气体量、油位等）。

变压器内部发生故障时，保护组件可靠动作，可以将故障最大限度地控制在一定范围内，达到有效保护主变压器和减少损失的目的。由于电量保护本身固有的特点，当故障在电量保护的灵敏度或故障种类之外时，就必须依靠非电量保护来保证电力变压器的安全。因此，了解非电量保护，就需要先了解所涉及的非电量组件。

1.1　电力变压器非电量组件

1.1.1　非电量组件的发展历程

随着我国经济水平的提升和社会的进步，电力工业也在不断地发展，对电力系统保护装置的要求也越来越高。其中，电力变压器非电量组件的性能检测与故障诊断工作成为重中之重。当电力变压器内部出现单相接地、局部放电或轻微匝间短路等故障时，电量保护因动作信号弱而不能及时切除故障，此时非电量保护的作用就凸显出来了。

自 19 世纪末油浸式电力变压器发明应用后直到 1921 年，马克斯·布赫霍尔茨研制发明气体继电器，成为最早的电力变压器非电量组件。

建国初期，早期电力变压器依赖进口，安装的防爆膜因动作后不能有效隔绝外部空气，且动作后必须对变压器停电检修，防爆膜的弊端也日益凸显。随着非电量保护技术的进步，防爆膜逐渐演化成压力释放阀，目前安装在变压器上的防爆膜已逐步被压力释放阀所取代。

1974 年，具有自动温度补偿功能的 SF_6 气体密度控制开关（早期 SF_6 气体密度继电器）研制成功，逐步实现了对电气设备中 SF_6 气体密度的有效监测。

20 世纪 80 年代，随着电力工业的蓬勃发展，对变压器保护组件的动作灵敏度要求越来越高。但存在着气体继电器和压力释放阀动作响应速度不够快的问题，尤其是变压器尽管气体继电器和压力释放阀已动作发信，外部电源未及时切断，造成了变压器油箱崩裂或变形。1991 年，沈阳变压器厂研制成功了 TYJ1 型突发压力继电器，成为国内最早的突发压力继电器（即后来的速动油压继电器）。因动作灵敏，速动油压继电器得到了广泛的应用。

1994 年，电力工业部批准并实施了 DL/T 540《气体继电器检验规程》，成为最早的气体继电器校验规程，为气体继电器的校验提供了标准依据。

进入 21 世纪后，随着超特高压工程的陆续建成投运，超特高压电力变压器非电量保护逐渐形成了以气体继电器、压力释放阀、速动油压继电器、温度控制器、油位计等装置为主体的非电量保护系统。

2007 年，《国家电网有限公司十八项电网重大反事故措施》的发布实施，明确了对非电量组件气体继电器、压力释放阀、断流阀等在安装、交接及运行维护等防止变压器事故方面相关要求。

2019 年，Q/CSG 1206012—2019《油浸式变压器非电量保护技术规范》的发布实施，对油浸式电力变压器非电量组件性能整定、检验等做了进一步要求。

随着国家电网有限公司"能源互联网"以及南方电网有限责任公司"智慧电网"的建设，电力变压器非电量组件将会朝着高性能、高可靠性、电子化、智能化的方向发展。非电量组件将在主变压器保护、状态监测、自诊断等方面与多种电量在线监测实现多元信息融合，为电网可靠安全运行提供支撑。

1.1.2 非电量组件范畴

依据 DL/T 573—2021《电力变压器检修导则》《国家电网公司变电检修管理规定（试行）第 1 分册油浸式变压器（电抗器）检修细则》及 Q/CSG 1206012—2019《油浸式变压器非电量保护规范》等相关规定，目前广泛应用于电力变压器的非电量组件包括气体继电器（俗称瓦斯继电器）、变压器用压力释放阀（以下简称压力释放阀）、速动油压继电器、变压器用控制器、油位计、变压器冷却用油流继电器（以下简称油流继电器）、断流阀、SF$_6$ 气体密度继电器，其保护关系见表 1-1。

表 1-1 非电量保护及对应关系

保护名称		反应的物理量	对应的非电量组件
瓦斯保护	轻瓦斯保护	气体体积	气体继电器、油流控制继电器、保护继电器
	重瓦斯保护	油流速度	
防爆保护		压力	压力释放阀、过压力继电器

保护名称	反应的物理量	对应的非电量组件
压力突变保护	压力上升速度	速动油压继电器/压力突发继电器
温度控制保护	温度	温度控制器
油位保护	油位	油位计
冷却器全停保护	油流量变化	油流继电器
压力保护	SF_6 气体密度	气体密度继电器

（1）气体继电器。气体继电器是一种油浸式变压器（电抗器）专用保护装置（又称瓦斯继电器）。它的作用在于变压器内部出现故障而使油分解产生气体或造成油流冲向储油柜时，继电器接点动作，接通指定的控制回路并及时发出信号或自动切除变压器。

有些气体继电器安装在分接开关顶部与储油柜之间的连管上，当分接开关内部出现故障造成油流涌动，油的流动速度到达某一整定值时，继电器相应接点导通，以接通指定的控制回路，并及时发出信号或自动切除变压器，此类气体继电器也称之为油流控制继电器。

（2）压力释放阀。压力释放阀是一种释放油浸式变压器油箱内部故障时产生过大压力的保护装置。当运行中的变压器（电抗器）发生故障导致油箱内部压力超过整定值时，释放装置将打开并及时将大量气体和油排出油箱外，从而达到降低油箱内部压力的目的。

（3）速动油压继电器。速动油压继电器是一种能够在变压器（电抗器）发生故障，油箱内部变压器油在单位时间内的压力升高速率达到其整定限值时，迅速动作并及时发出信号，可使变压器退出出运行状态的继电器，也称突发压力继电器或突变压力继电器。

（4）变压器冷却器用油流继电器。变压器冷却器用油流继电器在这里特指变压器冷却器用油流继电器，是强迫油循环冷却变压器中用于显示冷却回路中油流量变化的一种保护装置，是可以显示变压器用冷却器内油流量变化，具有信号接点的一种继电器。变压器冷却器用油流继电器用来监视强油循环冷却系统的油泵运行情况，如油泵转向是否正确、阀门是否开启、管路是否有堵塞等情况，当油流量达到动作油流量或减少到返回油流量时均能发出信号。

（5）变压器用温控器。变压器用温控器按照作用对象可以分为油面控制器与绕组温控器两种。

油面温控器是利用感温介质的热胀冷缩来显示变压器内顶层油温的仪表。油面温控器可带有电气接点和远传信号装置，用来输出温度开关控制信号和温度变送信号。

绕组温控器是专门用于测控变压器绕组温度的一种仪表。绕组温控器是由油面温控器、热模拟装置和远方温度显示器三部分组成，可输出与绕组温度成正比的标准电流值、电压信号或 Pt100 铂电阻信号和报警接点信号及冷却装置的控制信号。

（6）变压器用油位计。变压器用油位计用于指示油浸式变压器类产品中绝缘油油面位置的装置，也可具备电气报警或模拟信号输出功能。

（7）断流阀。断流阀是在正常工作时处于开启状态；而当变压器发生火灾时，能够自动切断自储油柜流向变压器油箱油流的一种保护装置。

（8）SF$_6$气体密度继电器。SF$_6$气体密度继电器是安装在气体绝缘变压器或换流变压器 SF$_6$阀侧套管等设备上对 SF$_6$气体密度进行监控的一种保护装置。SF$_6$气体密度继电器通常具有温度补偿功能，能在气体压力降低到某一整定值时触发继电器接点动作，以接通指定的控制回路，并能发出信号或自动切除变压器。

1.2 气 体 继 电 器

气体继电器自发明以来，因其结构简单、灵敏、经济，能全面反应变压器油箱内部的各种故障，目前 110kV 及以上油浸式电力变压器均安装了气体继电器。

1.2.1 气体继电器工作原理

变压器正常运行时，气体继电器内部充满变压器油，开口杯（上浮子）在自身浮力和重锤重力的共同作用下处于上浮状态，此时轻重瓦斯干簧接点均处于断开状态。当变压器油箱内部发生轻微故障时，变压器油箱内部产生的气体会聚集在气体继电器上部气室内，迫使油面下降；开口杯（上浮子）受到浮力减小，在重锤的作用下，下降到某一位置时，轻瓦斯干簧触点在磁力作用下发生吸合，接通指定的信号回路，发出报警信号，如图 1-1 所示。

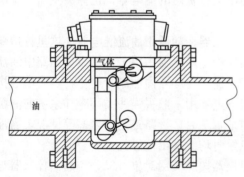

图 1-1 轻瓦斯动作过程示意图

当变压器油箱内部发生严重故障时，油箱内压力瞬间升高，形成油流涌浪，在连接管路中产生故障油流对于挡板式气体继电器，油流冲击挡板克服弹簧弹力，使得挡板向油流涌动方向发生偏转；当挡板偏转到某一极限位置时，重瓦斯干簧接点发生吸合，接通指定的跳闸回路，直接切断与变压器连接的所有电源。对于双浮子气体继电器，油流冲击挡板克服永磁铁对挡板的磁力及下浮子自身浮力，挡板随着油流方向发生偏转，使重瓦斯干簧接点吸合，接通跳闸回路，其动作示意图如图 1-2 所示。

变压器发生油箱漏油故障对于双浮子气体继电器，若油面持续下降，下浮子随着油面下降一定位置时，重瓦斯干簧触点吸合，接通跳闸回路，起到保护变压器作用（少油保护功能）。如图 1-3 所示。

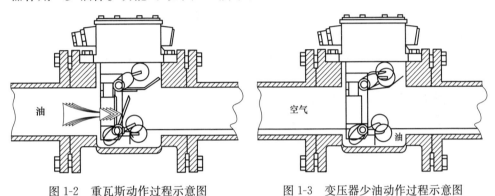

图 1-2　重瓦斯动作过程示意图　　　图 1-3　变压器少油动作过程示意图

1.2.2　气体继电器的分类

（1）根据连接管径分类。气体继电器可分为 $\phi 25$、$\phi 40$、$\phi 50$、$\phi 80$ 型气体继电器，具体如图 1-4 所示。

(a)　　　　　(b)　　　　　(c)　　　　　(d)

图 1-4　不同口径的气体继电器

(a) $\phi 25$；(b) $\phi 40$；(c) $\phi 50$；(d) $\phi 80$

一般情况下，变压器容量小于或等于 5000kVA 时，可选择 $\phi 25$ 口径的气体继电器；变压器容量大于 5000kVA 且小于或等于 10 000kVA 时，可选择 $\phi 50$ 口径的气体继电器；变压器容量大于 10 000kVA 时，可选择 $\phi 80$ 口径的气体继电器；$\phi 40$ 口径继电器主要用在电压等级较低的全密封油浸式电力变压器上。

（2）按照保护对象分类。气体继电器按照其保护对象（安装位置）可分为调压瓦斯和本体瓦斯两种。

本体气体继电器安装在变压器本体油箱和储油柜间的联管上，一般为 $\phi50$、$\phi80$ 口径的气体继电器；调压气体继电器也称为油流控制继电器的，一般采用 $\phi25$ 口径的气体继电器，装在分接开关或分接开关顶部与储油柜之间的连管上。

（3）按照瓦斯动作机构分类。气体继电器可分为挡板开口杯式（典型为国产 QJ 系列气体继电器）和双浮子式（典型 EMB、ABB 气体继电器），其中挡板开口杯式气体继电器多采用金属挡板加弹簧为动作机构；而双浮子式气体继电器动作机构具有上下两个浮子。

（4）按照气体继电器连接形式分类气体继电器按照气体继电器连接形式分类，可将气体继电器分为法兰连接（螺栓固定）和螺纹连接两种形式。法兰连接的气体继电器是目前最常见的形式，应用于各电压等级的油浸式电力变压器；螺纹形式连接的气体继电器主要用于有轨机车变压器上。

1.3　压力释放阀

油浸式电力变压器油箱内部发生故障，在电弧或过流产生的热量作用下，绝缘油或树脂材料发生分解，在油箱内部产生大量气体，造成油箱内压力急剧增

图 1-5　压力释放阀

大；当压力达到油箱承受的极限压力时，油箱会发生变形甚至破裂，造成绝缘油外泄、甚至爆燃，危及周边人身及设备安全。

早期电力变压器采用防爆膜作为压力保护装置，其位于油箱顶盖上部，防爆膜一旦被冲破后，就不能有效隔绝外部空气或水分的进入，必须立即停电进行检修更换。为减少防爆膜动作后对设备的影响，作为防爆膜的替代产品，压力释放阀应运而生。压力释放阀外观见图 1-5 所示。

1.3.1　压力释放阀工作原理

下面以较为常见的外弹簧式压力释放阀动作过程为例说明压力释放阀的工作原理。

（1）不带定向喷射装置。当油浸式变压器内部发生故障时，油箱内部压力急剧升高；作用到顶部密封垫区域内的压力超过弹簧产生的弹力时一旦膜盘从顶部密封垫稍微向上移动，膜盘上的变压器内部压力马上扩展到侧面密封垫直径内的

整个面积上，作用力极大增加，使得位于弹簧闭合高度的膜盘突然打开，变压器油喷出时，没有导油装置引导。

压力释放阀的外罩中央处的指示杆在压力释放阀动作时，会随着膜盘上升而上升，并由指示杆衬套夹紧，保持升高状态。同时，在压力释放阀动作时，信号开关状态发生变化，发出信号传递至主控室，提示压力释放阀动作。变压器内部压力释放后迅速下降至正常值，此时膜盘在弹簧弹力作用下重新回到密封位置。

不带定向喷射装置压力释放阀的结构示意图如图 1-6 所示。

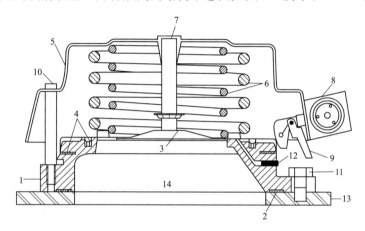

图 1-6　不带定向喷射装置压力释放阀的结构示意图
1—安装法兰；2—密封垫；3—膜盘；4—密封垫（顶部、侧向）；5—外罩；6—弹簧；
7—动作指示杆；8—信号开关；9—手推复位杆；10—螺栓；11—螺栓；12—放气塞
13—变压器箱盖；14—变压器油

（2）带定向喷射装置。带定向喷射装置的压力释放阀，其动作原理与不带定向喷射装置的压力释放阀相似，区别在于带定向喷射装置的压力释放阀能够在膜盘动作时，变压器油受到导油装置的约束，形成定向喷射。

压力释放阀结构示意图如图 1-7 所示。

1.3.2　压力释放阀的分类

（1）按照结构分类。根据 JB/T 7065—2015《变压器用压力释放阀》，压力释放阀按其结构形式可分为外弹簧式和内弹簧式两种形式。

区别于外弹簧式压力释放阀，内弹簧式压力释放阀安装后其弹簧内置在变压器油箱内部，避免了弹簧受外部因素的干扰和腐蚀。目前国内制造厂生产的电力变压器广泛采用的是外弹簧式压力释放阀，一些进口的大型电力变压器采用的是内弹簧式压力释放阀。

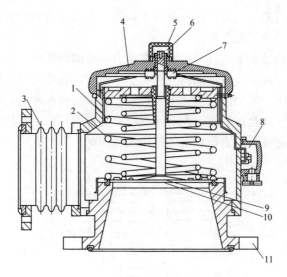

图 1-7　压力释放阀结构示意图

1—阀罩；2—弹簧；3—导油管；4—阀盖；5—锁帽；6—防雨罩；7—微动开关；
8—接线盒；9—动作指示杆；10—膜盘；11—阀座

（2）按照导油形式。压力释放阀按导油形式也可分为带定向喷射装置和不带定向喷射装置。

为避免压力释放阀动作时喷出的热油对人员和设备造成损害，部分大型电力变压器安装了带导油装置的压力释放阀。部分压力释放阀喷射装置的导向罩可以360°旋转，现场安装时可选择合适的喷出口方向。

（3）按照连接（固定）方式分类。压力释放阀按照连接（固定）方式有螺纹连接和法兰连接两种形式。压力释放阀目前主要采用法兰连接的方式固定在变压器油箱顶部，螺纹连接的压力释放阀一般用在小型变压器上。

（4）按照喷油口径分类。压力释放阀按照喷油有效口径的大小，压力释放阀常见有的 $\phi25$、$\phi50$、$\phi80$、$\phi130$ 几种形式。

1.4　速动油压继电器

作为一种新型变压器油箱压力保护装置，速动油压继电器是利用油箱内故障造成的动态压力增长速度来实现动作的。油压增长速度越快，动作越迅速，由于油压波在变压器油中的传播速度极快（4000～5000m/s），因此对于油压增长速度较快的内部故障，速动油压继电器反应较为灵敏，可作为压力释放阀的有效补充。

速动油压继电器如图 1-8 所示。

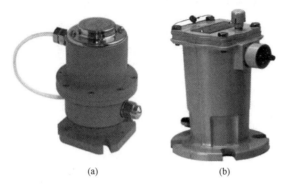

(a)　　　　　　　　　　(b)

图 1-8　典型速动油压继电器

(a) 国产 SJY 速动油压继电器；(b) Qualitrol 速动油压继电器

1.4.1　速动油压继电器工作原理

以沈阳变压器研究所 SJY₉ 型速动油压继电器与 Qualitrol 900 型速动油压继电器为例，分别阐述其工作原理。

(1) SJY₉ 型速动油压继电器工作原理。变压器正常运行时，因速动油压继电器安装位置低于变压器油面线，继电器油室与变压器油箱连通，油室内隔离波纹管受到较小的静油压，气室内的弹簧对静油压进行补偿达到平衡，速动油压继电器不动作。当变压器内部发生故障，油室内压力突然上升，压力达到动作值时，隔离波纹管受压变形，波纹管发生位移，微动开关动作，发出信号。

(2) Qualitrol 900 型速动油压继电器工作原理。Qualitrol 900 型速动油压继电器的下部和变压器油箱连通，其内有检测波纹管。继电器的内部具有内充硅油的密封管路系统在该系统中有两个控制波纹管，其中一个控制波管的管路上有控制小孔。

当变压器油箱内部压力变化时，检测波纹管发生形变，传递到控制波纹管上，如果油压是缓慢变化的，则两个控制波纹管变化一致，不会引起内部传动连杆动作；当变压器油的压力突然变化时，传动连杆发生出现位移变化，使电气开关发出信号。

速动油压继电器采用了检测变压器油箱内故障压力上升速率（以下简称压速率）作为保护参数，对应不同的压速率，速动油压继电器有不同的响应时间。有效地弥补了压力释放阀在故障变压器油箱内的压速率达到 15kPa/ms 时不能有效泄压的问题。

1.4.2　速动油压继电器的分类

速动油压继电器根据其接点动作形式，可以分为单路电气信号输出、双路电气信号输出两种形式，单路电气信号输出及双路电气信号输出如图 1-9 和图 1-10 所示。

图 1-9　单路电气信号输出　　　　　　　　图 1-10　双路电气信号输出

对于进口速动油压继电器，按其安装有顶部安装和侧向安装两种形式，实际运行中侧装方式为主。按照速动油压继电器的连接管径，有 $\phi 50$、$\phi 80$ 两种形式，其中 $\phi 50$ 管径较为常见。

1.5　变压器用温控器

电力变压器运行过程中，由于铜损和铁损的存在，主要表现为负载损耗和空载损耗。虽然当前运行的电力变压器效率较高，在变压器所带负荷较高的情况下，大型电力变压器产生的损耗往往可以达到数十到几百千瓦，而损耗最终将以热能的形式表现出来，造成变压器内部各部位温度不同程度地升高。

变压器用温控器能够实时监测变压器油面温度及绕组模拟温度，并据此进行油温过高报警及超温跳闸保护，对采用强迫油循环风冷却方式的油浸式电力变压器，还能控制冷却器的启动和停止。当前，变压器用温控器作为大型变压器比较常用的测温装置，已经广泛应用于 110kV 及以上电压等级电力变压器。

1.5.1　变压器用温控器工作原理

以绕组温控器为例，对变压器用温控器的工作原理阐述说明。

变压器用温控器的温包内充满了感温液体，当被测温度变化时，由于液体的"热胀冷缩"效应，温包内液体的体积也随之线性变化，这一体积变化量通过毛细管传递至温控器内的弹性元件，使弹性元件发生相应位移，该位移量经过放大元件放大后便可以用于指示被测温度。绕组由于处于高压下而无法直接测量其温度，其温度的测量是通过间接测量和模拟而成的。变压器绕组的发热是由变压器的负载损耗产生的。由负载损耗 $P = I^2R$ 公式可知，绕组的发热是和变压器电流的平方成正比的。变压器绕组温度 T_1 为变压器顶层油温 T_2 与绕组对油的温升 ΔT 之和，即 $T_1 = T_2 + \Delta T$，而绕组对油的温升 ΔT 取决于变压器绕组电流。

如图 1-11 所示，当变压器带上负荷后，通过变压器电流互感器取出与负荷成正比的电流，经过电流匹配器（变流器）调整后，输入到绕组温控器弹性元件内的电热元件，电热元件产生热量，使得弹性元件产生一个附件位移量，从而产生一个比油温高一个温差的温度指示值。

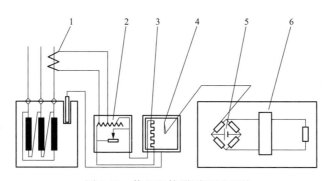

图 1-11　绕组温控器测温原理图

1—电流互感器（TA）；2—变流器；3—电热元件；4—指示指针；5—传感器；6—数显仪

绕组温控器指针指示的温度是变压器顶层油温和绕组对油的温升之和，反映了被测变压器绕组的温度。

1.5.2　变压器用温控器的分类

油浸式变压器用温度控制器按照作用对象可以分为油面控制器与绕组温控器两种。温控器是利用感温介质热胀冷缩来显示变压器内顶层油温或模拟绕组温度，带有电气接点和远传信号装置的仪表，并可用来输出温度开关控制信号和温度变送信号。

绕组温控器如图 1-12 所示，油面温控器如图 1-13 所示。

图 1-12　绕组温控器　　　　　　　　　　　　图 1-13　油面温控器

1.6　变压器用油位计

储油柜也称油枕，是安装在油浸式电力变压器上方的一种罐式储油装置，储油柜具有补偿变压器热胀冷缩、调节变压器油箱油量、限制变压器与空气的接触面及减缓变压器油劣化速度的作用。

为了监视储油柜内部油位的变化情况，根据储油柜结构形式，一般安装的有不同形式的油位计。

1.6.1　油位计结构组成及工作原理

1.6.1.1　指针式油位计工作原理

指针式油位计根据其传动形式分为浮球传动和伸缩杆传动两种形式，下面分别以这两种结构进行说明：

（1）浮球传动型。浮球传动型指针式油位计主要有指针和表盘构成的显示部分，磁铁（或凸轮）和开关构成的报警部分，换向和变速的齿轮组、摆杆和浮球构成的传动部分组成，如图 1-14 所示。

当变压器储油柜的油面升高或下降时，油位计浮球随之上下浮动，使摆杆做上下摆动，从而带动传动部分转动，通过耦合磁铁使报警部分的磁铁（或凸轮）和显示部分的指针旋转，指针指到相应的位置；当油位上升到最高位或下降到最低油位时，磁铁吸合（或凸轮拨动）相应的干簧接点开关（或微动开关）发出报警信号，从而实现了对储油柜内部油位的实时监测。

（2）伸缩杆传动。伸缩杆指针式油位计安装在储油柜的端面上方，通过连杆与密封隔膜上的铰链相连。当储油柜内油位升高或降低时，隔膜也随之上下，从

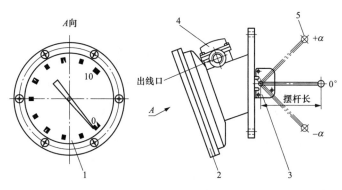

图 1-14 浮球传动指针式油位计
1—表盘及指针；2—壳体；3—传动部分；4—报警部分；5—浮子

而使连杆作铅垂升降运动。隔膜式储油柜结构简图如图 1-15 所示。

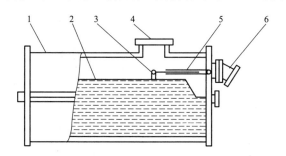

图 1-15 隔膜式储油柜结构简图
1—储油柜；2—密封隔膜；3—铰链；4—观察窗；5—连杆；6—油位表

伸缩杆传动的油位计，通过连杆带动一对圆柱齿轮和一对伞齿轮，使与伞齿轮同轴的主动磁钢随之转动。通过磁扭矩作用，带动从动磁钢，可使与从动磁钢同轴的指针在表盘上指示出油位来。这里传递摆角，连杆作成两截活套导向可伸缩结构。

油位表结构示意图如图 1-16 所示。

指针式油位计表盘标有"0"至"10"均匀刻度。"0"为最低油位，"10"为最高油位。"0"处和"10"处两点红区为储油柜的警备区。当指针进入两个红区应尽早采取措施，否则当指针到达"0"处和"10"处极限位置时，表针轴上的报警机构将实施自动断电报警，并输送出电信号，以达到远距离监测。

1.6.1.2 磁翻板式油位计工作原理

磁翻板油位计由本体、磁性翻板（由红、白双色磁性小翻板组成）、底座、法兰等组成，根据其安装形式，可以分为侧装和直管两种形式，侧装式磁翻板油

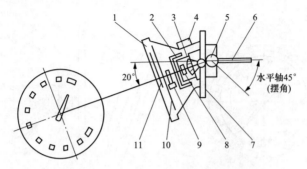

图 1-16 油位表结构示意图

1—表体；2—从动磁钢；3—伞齿轮副；4—接线盒；5—圆柱齿轮副；6—连杆
7—法兰；8—主动磁钢；9—报警机构；10—表盘；11—指针

位计结构示意图如图 1-17 所示。

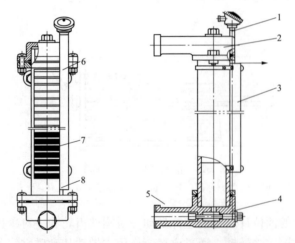

图 1-17 侧装式磁翻板油位计结构示意图

1—高低位报警装置；2—上盖；3—标尺；4—底座；5—连接法兰
6—高位触点；7—磁性翻板；8—低位触点

磁翻板式油位计利用浮力原理和磁性耦合作用来实现对油位状态的监测。当被测容器中的液位升降时，液位计主导管中的磁性浮子随之升降，浮子内的永磁体通过磁耦合传递到现场指示器标尺驱动 A/B 两色的翻柱翻转 180°。当液位上升时，翻板（柱）由 A 色转换为 B 色；当液位下降时，翻板（柱）由 B 色转换为 A 色。指示器的 A/B 两色分界处为容器内介质液位的实际高度，通过指示器翻板（柱）颜色的变化，从而实现液位的指示。

顶装式磁翻板油位计原理相同，只是安装形式不同。

1.6.1.3 管式油位计工作原理

管式油位计一般分为侧装玻璃管式和顶装管式两种形式。管式油位计如图 1-18 所示。

侧装玻璃管式油位计是通过法兰与容器连接构成连通器,透过玻璃管可直接读得容器内油面的高度。

顶装管式油位计由无缝钢管、浮标指示装置、视窗及上盖或压力阀组成;视窗采用厚壁玻璃管内置结构,利用浮力作用通过油管中的浮子(或浮标)来显示油浸式变压器产品中油位的变化。集成有压力释放阀的顶装管式油位计一般用于全密封式变压器上。

油位计是变压器储油柜油位的外在显示,除可在现场观察油位指示外,磁翻板油位计上部还装有接线盒,内部有开关,当储油柜的油位达到最高或最低时,开关自动闭合,发出报警信号,还可以实施远距离监测和集中控制。通过油位计的指示能准确判断变压器储油柜内的油位变化,由此可分析变压器的运行状态,避免由于油位过高或者过低,影响变压器的安全运行。

图 1-18　管式油位计
1—锁紧螺栓;2—视窗;
3—铭牌;4—连接法兰

1.6.2　油位计的分类

根据 JB/T 10692—2018《变压器用油位计》,油位计一般可分为以下几种类型:

(1)指针式油位计。指针式油位计是通过在表盘上的指针来显示油浸式变压器类产品中油位的装置,一般将浮球或伸缩杆的转动通过内部磁耦合或液体压力传导,转化为指针的摆动,从而实现油位的指示。指针型油位计可以分为浮球传动和伸缩杆传动两种。

图 1-19　浮子传动型指针式油位计

指针式油位计主要用于大型油浸式电力变压器储油柜,用于检测内部油位的变化。有些会在表盘上标注"MIN"和"MAX",用于分别表示最低和最高油位,如图 1-19 所示。

(2)磁翻板式油位计。磁翻板式油位计通过浮力及磁性耦合作用来工作的,是通过磁性翻板的翻转来显示油浸式电力变压器类产品中油位的装置,一般安装在变压器储油柜侧壁,如图 1-20 所示。

（3）管式油位计。管式油位计是通过油管中浮子（或浮标）的位置来显示油浸式变压器产品中油位的装置，如图 1-21 所示。

图 1-20　磁翻板式油位计安装示意图　　　图 1-21　管式油位计安装示意图

目前 110kV 及以上的油浸式电力变压器普遍采用指针式油位计、管式油位计两种形式，随着油位监测技术的进步，具备能够实时监测油位变化的远传型油位计也得到了广泛应用。

1.7　变压器冷却器用油流继电器

变压器运行时，铁芯、线圈和金属结构件中均要损耗能量，这些损耗将转变为热量向外传递，从而引起变压器器身各部分温度升高。当变压器油箱上层油温与下部油温产生温差时，通过冷却器形成油温对流，经冷却器冷却后流回油箱，起到降低变压器温度的作用。在此过程中，可通过变压器冷却器用油流继电器监视管路内部油流的变化情况。

一般大型变压器采用强迫油循环风冷式，而超大型变压器采用强迫油循环导向冷却方式。为了监测监视强油循环冷却系统的油泵运行情况，如油泵转向是否正确、阀门是否开启、管路是否有堵塞等情况，就需要用到如图 1-22 所示的变压器冷却器用油流继电器。

图 1-22　变压器冷却器
用油流继电器

1.7.1　油流继电器工作原理

变压器潜油泵启动时，就会在变压器油箱和冷却器之间产生油流循环，当管路油流量达到油流继电器动作油流量整定值时，油流继电器的动板发生翻转，和动板在同一轴线上的耦合磁钢发生偏转，在磁钢耦合作用下带动表盘指针同步转动，指向流动位置，微动开关接点闭合，油流继电器发出正常工作信号。

当管路内的油流量减少到返回油流量或达不到动作油流量整定值时，动板在复位涡卷弹簧的作用下返回，微动开关常开触点断开，动断触点闭合发出故障信号。

1.7.2 油流继电器的分类

根据 JB/T 8317—2007《变压器冷却器用油流继电器》，按照冷却管径的标称管径，变压器用冷却用油流继电器一般可分为 $\phi 50$、$\phi 80$、$\phi 100$、$\phi 125$、$\phi 150$、$\phi 200$、$\phi 250$ 等。

1.8 SF$_6$ 气体密度继电器

六氟化硫（SF$_6$），是一种无色、无臭、无毒、不燃的稳定气体，在 1900 年由两位法国两位化学家 Moissan 和 Lebeau 合成。

SF$_6$ 气体绝缘和灭弧性能在很大程度上取决于 SF$_6$ 气体的纯度和密度，气体密度的增加，减少了电子的平衡自由程度，从而减少游离，提高了气体的击穿场强。但由于 SF$_6$ 气体泄漏会导致气体密度下降，降低 SF$_6$ 气体的绝缘性能。所以对 SF$_6$ 气体密度的监视显得特别重要。

为了能达到监视密度的目的，电力工业上采用了能够反映 SF$_6$ 气体密度状态变化的保护和控制元件——SF$_6$ 气体密度继电器。

1.8.1 SF$_6$ 气体密度继电器工作原理

SF$_6$ 气体密度继电器按照补偿原理可分为两大类，一种是以相对腔结构（又称标准气室），以金属波纹管、双弹簧管结构为典型代表；另一种是热双金属片结构。分别阐述三种密度继电器的工作原理。

（1）金属波纹管。在密度继电器内部设有一个与被测气室充入相同绝缘气体为标准气囊的参考气室作为比较基准，采用独立的金属波纹管将两个气室隔开，并通过金属波纹管的移动平衡气室压力，从而实现温度补偿。与被测气室相连的气体密度一旦发生变化，将导致两气室出现气压差，压差会导致隔膜或波纹管发生位移变化，推动继电器连杆和压板等机构，从而带动微动开关变化。此种类型密度继电器也称为"参比式"气体密度继电器。

动作示意图如图 1-23 所示。

（2）双弹簧管结构。双弹簧管结构形式是具有标准管和系统管的气体密度继电器。当标准管和系统管均处于额定压力时，两个弹簧管（标准管和系统管）内的压力相同，两个弹簧管的状态相同，处于平衡状态，标准管管端处于弹簧体中心位置。

当环境温度偏离标准温度 20℃时，两个弹簧管会同时向相反方向产生一定的变化量，标准管和系统管的这两个变化量大小相等，方向相反，两个变化相互抵消，标准管封口端会静止不动，拉杆不会带动机芯转动，确保指针会静止不动，从而实现温度补偿。当发生泄漏时，两个弹簧管产生的位移变化量不同，带动指针向低压位置转动，从而形成报警指示。

（3）热双金属片结构。双金属片型密度继电器是通过双金属片来实现温度补偿的。当环境温度高于 20℃时，双层金属片伸长，其下端将向下发生位移，带动齿轮机构和指针向密度或压力指示值减小的方向移动，指针读数小于 0MPa；当环境温度低于 20℃时，齿轮机构和指针将向密度或压力指示值增大的方向移动，指针读数大于 0MPa。

SF_6 气体密度继电器动作示意图如图 1-24 所示。

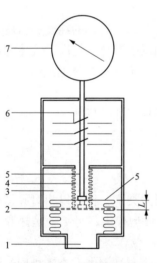

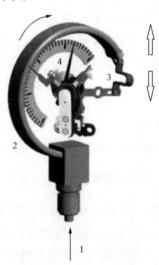

图 1-23 动作示意图

1—SF_6 气体；2—金属波纹管；

3—参考气室；4—金属波纹管

5—连杆；6—微动开关；7—表盘

图 1-24 SF_6 气体密度继
电器动作示意图

1—SF_6 气体；2—波登管

3—热双金属片；4—表盘指针

运行中的 SF_6 气体密度继电器，SF_6 气体通过与电力变压器本体连接的接口进入气体密度继电器波登管时，波登管会产生较小位移，经双金属片温度补偿后，再通过传动元件放大后在表盘上显示出密度值，并通过指针指示出来。

　　当电力变压器内的 SF_6 气体因某种原因发生了泄漏，经过温度补偿以后的压力就下降，带动齿轮机构和指针向密度或压力指示值减小的方向移动，降到报警压力值时，继电器传动机构上的磁触点开关吸合，就输出一对接点（报警信号），此时就要求用户对设备进行补气，而如果压力还在继续下降，降到闭锁动作压力值时，继电器就输出另一对接点（闭锁信号）使设备的相对应控制系统进行闭锁，实现了对电气设备的安全运行的保护。目前变电站常见的是以双金属片作为温度补偿的 SF_6 气体密度继电器。

1.8.2　SF_6 气体密度继电器的分类

　　目前，市场上的常见气体密度继电器从补偿方式上可分为两大类：

　　一是相对腔结构，在密度继电器内部设有参考气室，内部预先充入 SF_6 气体；由本体气体与参考气室进行比较，通过两者间的独立的隔膜的移动平衡气室压力，从而实现温度补偿的密度继电器，如瑞典 Trafag。

　　二是采用热双金属片结构，以德国 Wika 为代表。作为温度补偿。

　　SF_6 气体密度继电器如图 1-25 所示。

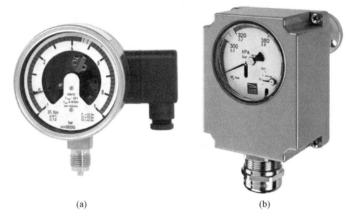

(a)　　　　　　　　　　　　　　(b)

图 1-25　SF_6 气体密度继电器
（a）热双金属片气体密度继电器；（b）相对腔结构气体密度继电器

　　SF_6 气体密度继电器分类方式较多，按照压力基准、抗振形式和传输形式可进行如下分类。

　　（1）按照压力基准分类。可以分为绝对压力型和相对压力型两种形式。

　　绝对压力型密度继电器是标注绝对压力，以绝对真空为基准压力的密度继电器，一般会在表盘上标注"abs"字样；相对压力型密度继电器是以环境大气压为基准压力的密度继电器。

按照压力基准分类如图 1-26 所示。

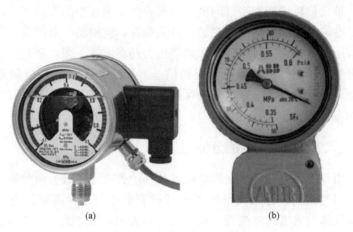

图 1-26 按照压力基准分类
(a) 相对压力型；(b) 绝对压力型

（2）按照抗振形式。SF₆ 气体密度继电器可分为无硅油型和充硅油型两种类型。SF₆ 气体密度继电器内部充的硅油可以起阻尼防震、减缓触点氧化作用。

按抗振形式分类如图 1-27 所示。

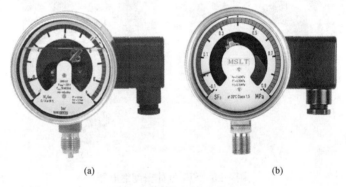

图 1-27 按抗振形式分类
(a) 充硅油型；(b) 无硅油型

（3）按照传输形式。SF₆ 气体密度继电器按照传输形式，可以分为普通机械指针式气体密度继电器和电子远传式（无线、485 通信、光纤通信）密度继电器。

按传输形式分类如图 1-28 所示。

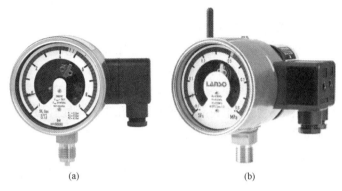

图 1-28   按传输形式分类
(a) 普通机械型；(b) 无线远传型

1.9 断 流 阀

油浸式电力变压器存在着发生火灾的隐患。无论是电力变压器铁芯产生的持续高温，还是由于短路、过电压等内部电弧产生的高能放电所引起的突发性短暂高温，变压器油的温度大于 400℃时，会分解出可燃气体，致使变压器内部压力增大。变压器内部超压造成其自身薄弱部位（如变压器瓷套管、器身焊缝、防爆口等处）爆裂，使变压器油及产生的可燃气体从裂口中喷出，喷出的变压器油与可燃气体的混合物在与空气接触摩擦后，可能引起火灾甚至爆炸。

鉴于油浸式电力变压器火灾事故的固有特点，尤其是其重大的危害性，GB 50016—2014《建筑设计防火规范》和 GB 50229—2019《火力发电厂与变电站设计防火标准》都明确规定：单台容量在 125MVA 及以上的独立变电站可燃油电力变压器，应设置固定式灭火系统，目前常见的有排油注氮灭火装置。

排油注氮灭火装置是 20 世纪 90 年代从法国 SERGI 公司引进技术并在国内消化研制的一种专门针对油浸式电力变压器和其他充油电气设备的灭火装置。排油注氮灭火装置主要由控制柜、消防柜、断流阀、感温探测器和排油注氮管路组成，用于油浸式电力变压器和其充油电气设备的防爆和灭火，断流阀作为切断储油柜与油箱本体的装置，作用尤为突出。

当变压器正常运行时，状态手柄处于运行状态位置，断流阀阀板与密封面形成一个开放夹角，并保持稳定打开状态。当变压器出现故障，有油流外泄，且流量达到最小关断流量时，阀板在油流快速通过产生的压差下自动关闭，储油柜不再给变压器油箱补油，此时，开关接点闭合通过接线盒内接线端子接通报警信号回路。

当变压器发生严重故障时，产生的高温使油箱内的变压器油分解出大量的可燃性气体，引起气体继电器保护装置动作，断路器跳闸，发出相应的信号和指令。此时由于变压器油箱内部由于热惯性，内部压力继续增加，超过压力释放阀的开启压力时，压力释放阀动作将变压器油箱顶部的油迅速排掉，断流阀在反向大油流的冲击下，将储油柜与油箱本体隔离断开；油压的变化使氮气控制阀动作，氮气以设定的恒压从变压器底部两侧多个管孔吹入，搅拌冷却变压器油箱的油，同时充满排油后留下的空间，隔绝空气，使着火的变压器油短时间自行熄灭。

变压器的故障排除，变压器油停止外泄，可以通过状态手柄将断流阀进行复位。有些断流阀内部阀板安装的有复位装置，当断流阀两侧的油压接近相等时，阀板能够自动复位，如图 1-29 所示。

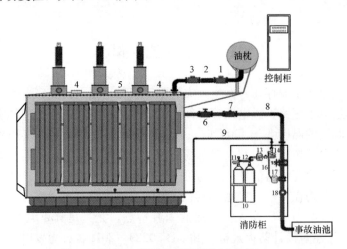

图 1-29　排油注氮装置灭火系统

1—断流阀；2—波纹管；3—气体继电器；4—火灾探测器；5—火灾探测器；6—排油出口阀；
7—排油管排气组件；8—排油管；9—充氮管；10—氮气瓶；11—氮气阀组件；12—氮气瓶启动组件；
13—充氮蝶阀；14—充氮机械阀；15—检修阀；16—机械连锁杆；17—排油阀组件；18—漏油阀组件

排油注氮灭火装置具有"以防为主，防消结合"的特点，弥补了其他灭火系统不能预防变压器火灾的不足，对环境要求较低，对寒冷、多风沙、干旱地区和偏远农村尤为适宜，适用于 10MVA 以上的油浸式电力变压器，目前在 220kV 及以上变电站得到广泛应用。

第 2 章

电力变压器非电量组件结构与安装

电力变压器非电量保护是由电气控制回路及安装在变压器上的非电量保护元件组成，利用温度、压力、流速、压力增量等非电气物理量对变压器实施监测、报警、控制，从而实现保护。在对非电量组件初步了解后，本章节重点对非电量组件结构组成及其安装进行阐述。

2.1 气 体 继 电 器

2.1.1 气体继电器结构组成

气体继电器一般由壳体、顶盖部件、铭牌和芯子等组成，具体如下：

（1）壳体。气体继电器的壳体主要的作用是支撑内部的器件，并与储油柜与油箱顶盖的联管连接。一般由耐气候变化的铸铝（或铸铁）合金制成，表层涂灰色。

以 EMB 气体继电器为例，有法兰盘连接和螺纹连接两种形式的壳体。

气体继电器壳体上两侧装有玻璃观察视窗，通过视窗上的数据刻度可以估读出聚集在气体继电器内部的气体的体积。视窗前安装有能向上掀起的翻盖板，在运输过程起保护作用，如图 2-1 和图 2-2 所示。

图 2-1 法兰连接的壳体

1—法兰连接；2—视窗翻盖板

图 2-2 螺纹连接的壳体

1—螺纹连接；2—视窗

（2）顶盖部件。气体继电器的顶盖部件一般采用耐气候变化，表层涂灰色的铸铝（或铸铁）合金制成。

以 EMB 气体继电器为例，其顶盖部件上部有一个接线盒，在接线盒前面装设有放气阀和用闷盖螺母盖住的测试按钮（也称探针），并附有测试按钮操作说明标牌。

继电器接线盒中除有接地点外，还装有多组接线端子，其数量决定了涉及干簧管类型及其布线形式。在盖板内侧一般会标明接线端子电路符号和接线布局示意图；接线盒通过盖板也实现了防触电与密封的效果。

放气阀是继电器用于排除内部气体的阀，在气体继电器校验的过程中，手动打开放气阀，能够将气体继电器内的空气快速排出，使继电器内部迅速充满变压器油，如图 2-3 所示。

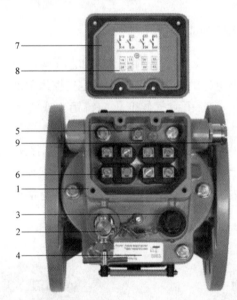

图 2-3 带有可拆卸盖板的顶盖部件
1—接线盒；2—放气阀；3—闷盖螺母；4—测试按钮操作标识牌；5—接地端子；
6—接线端子；7—上盖板；8—接线布局示意图；9—电缆螺旋固定接头

打开闷盖螺母，可看到细柱状长、通往内部的测试按钮（也称探针），可供检查接点动作情况。通过标牌内容可知悉测试按钮的使用方法。

当按下或松开测试按钮时，会改变浮子的位置及干簧管的导通状态，可检查气体继电器跳闸机构的灵活性和可靠性，如图 2-4 所示。

接线端子是气体继电器顶盖部件中最重要的部分。当气体继电器的聚集的气体容积超过整定值时，气体继电器就会发出信号，即信号动合触点闭合；当通过

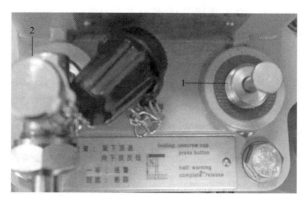

图 2-4　放气阀及测试按钮
1—测试按钮；2—放气塞

气体继电器的变压器油流速超过整定值时，气体继电器就会发出跳闸信号，即跳闸动合触点闭合。一旦动合触点闭合，就会反映到变电站非电量保护装置中，发出轻瓦斯报警信号或者重瓦斯跳闸信号。

DL/T 572—2021《电力变压器运行规程》中对保护装置运行要求："气体继电器运行时，应有两副接点，彼此间完全电气隔离，一副用于轻瓦斯报警，另一副用于重瓦斯跳闸"。

在实际的应用中，当需要多副信号接点，并且信号接点需要连到不同的电路中时，就需要选取具备独立跳闸接点的气体继电器。

为了避免单一元件和回路故障导致阀组闭锁，国家电网有限公司正在特高压换流站开展气体继电器改造工作，将轻、重瓦斯共用现有的重瓦斯跳闸回路，跳闸采取"三取二"逻辑，在保证原有继电器动作的灵敏性、速动性前提下，提升气体继电器保护的可靠性。"三取二"逻辑接线如图 2-5 所示。

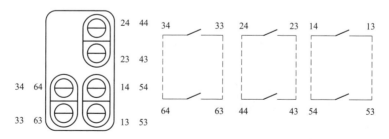

图 2-5　"三取二"逻辑接线示意图

（3）铭牌。气体继电器的铭牌一般标注了继电器的型号、制造标准、生产厂家、编号、接点容量等信息，如图 2-6 所示。

JB/T 9647—2014《变压器用气体继电器》中对 QJ 型气体继电器产品型号表示方法要求如图 2-7 所示。

以沈阳银海 QJ-80 型气体继电器为例，其型号表示一台管路通径为 80mm，第 4 次设计的气体继电器，其铭牌如图 2-6 所示。

图 2-6　QJ4-80 型气体继电器铭牌

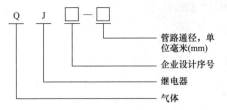

图 2-7　气体继电器型号表示方法

进口继电器的铭牌标识方法有所区别，如 EMB 气体继电器，除了标注厂家、型号、制造日期、出厂编号外，还会标注型号标识码、开关元件、保护方式等信息。EMB 气体继电器铭牌如图 2-8 所示。

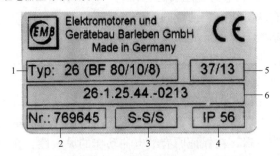

图 2-8　EMB气体继电器铭牌

1—型号；2—出厂编号；3—开关元件状态；4—防水等级；5—制造日期；6—型号识别码

EMB气体继电器的型号标识码是其订货的关键数据，可通过型号标识码可以得知气体继电器的重瓦斯出厂动作设定值。

（4）气体继电器芯子。以本体气体继电器（挡板开口杯式、QJ-40 型、双浮子式）和有载分接开关上气体继电器为例，分别对几种典型气体继电器芯子的组成部件进行阐述。

1）挡板开口杯式。挡板开口杯式气体继电器，QJ-25、QJ-50、QJ-80 型继电器结构基本相同。以 QJ₃-80 型气体继电器为例，其芯子结构如图 2-9 所示。

继电器芯子上部由开口杯、重锤、永磁铁和干簧接点构成动作于信号的气体

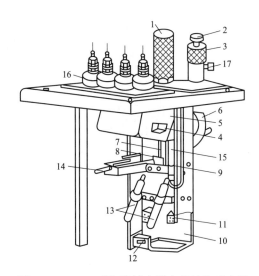

图 2-9   QJ₁-80 型气体继电器内部结构示意图

1—探针罩；2—排气口顶针；3—排气口气塞；4—永磁铁；5—开口杯；6—重锤；7—探针；
8—开口销；9—弹簧；10—挡板；11—永磁铁；12—止挡螺杆；13—重瓦斯干簧管；
14—调节杆；15—轻瓦斯干簧管；16—接线端子套管；17—放气塞

容积装置，其下部由挡板、弹簧、调节杆、永磁铁和干簧接点构成动作于跳闸的流速装置。端盖上的放气阀是用于安装时排气以及运行中抽取故障气体；探针是用于检查跳闸机构的灵活性和可靠性。

2）QJ-40 型浮筒式。20 世纪 90 年代，随着风电、光伏等新能源产业的兴起与发展，全密封箱式电力变压器在电力行业得到了广泛应用，箱体结构较传统变压器有了明显区别，QJ-50 型气体继电器被新型 QJ-40 型继电器所替代。

QJ-40 系列气体继电器一般安装在油箱顶盖上，具有油位低报警、最低油位跳闸功能，弥补了挡板开口杯形式气体继电器在油箱大量失油状态下，重瓦斯不会动作的缺陷。此系列目前主要有 QJ₁、QJ₂、QJ₃ 等几种形式，其结构示意图如图 2-10 所示（从左到右依次为 QJ₁ 型、QJ₂ 型、QJ₃ 型）。

3）双浮子式。双浮子气体继电器芯子是由上浮子、上浮子永磁铁、轻瓦斯干簧管、重锤等组成的上开关系统和由下浮子、挡板、重瓦斯干簧管、框架组成的下开关系统以及测试按钮组成，其芯子结构如图 2-11 所示。

双浮子气体继电器除了在变压器内部故障时会进行报警和动作，在变压器油箱发生泄漏时，也能够进行报警和动作，相较于传统挡板式气体继电器，对变压器的保护更加全面。

4）有载分接开关气体继电器。有载分接开关上安装的气体继电器，一般为

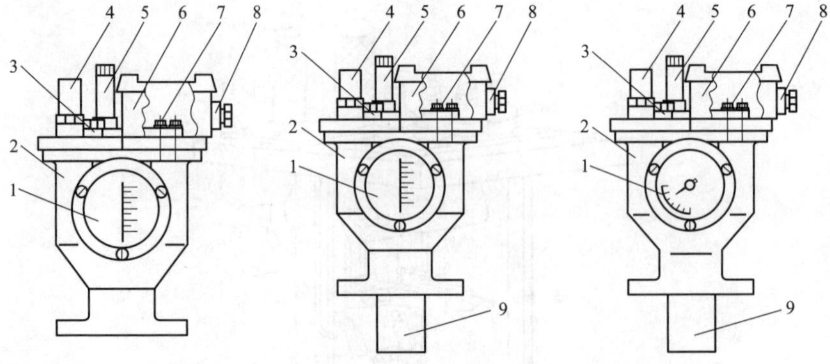

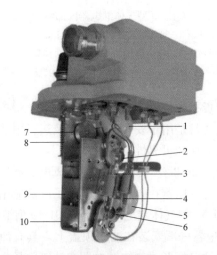

图 2-10 QJ-40 型气体继电器示意图

1—油位观察视窗；2—壳体；3—注油塞；4—放气塞；5—探针；6—接线盒；
7—接线端子；8—电缆出线口；9—绝缘护罩

图 2-11 双浮子气体继电器内部结构图

1—上浮子；2—上浮子永磁铁；3—轻瓦斯干簧管；4—重瓦斯干簧管；5—下浮子；
6—下浮子永磁铁；7—重锤；8—机械测试按钮；9—挡板；10—框架

$\phi 25$ 管径的气体继电器。以 MR 公司 RS-2001 型气体继电器为例，其结构示意图如图 2-12 所示。

注意：按下试验按钮 OFF 时，迫使继电器挡板处于倾倒位置，继电器处于导通；按下复位测试按钮挡板回到直立状态，可以对接点状态复位。MR 25 型气体继电器只有重瓦斯动作机构。

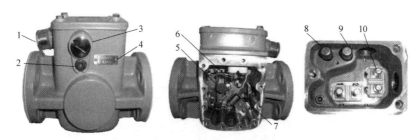

图 2-12　MR25 型气体继电器内部结构

1—M25 电缆密封套；2—端子盒通气孔；3—M25 螺塞；4—铭牌；5—挡板；6—磁铁
7—干簧触点；8—复位测试按钮；9—测试按钮 OFF；10—接线端子

2.1.2　气体继电器的安装

气体继电器一般安装在油浸式电力变压器油箱与储油柜之间的联管中。变压器集气联管通往储油柜方向应有 1‰～1.5‰ 的升高坡度，气体继电器安装坡度不宜过大，箭头指示标志应清晰且指向储油柜，其安装位置如图 2-13 所示。

图 2-13　气体继电器安装位置示意图

1—油箱；2—气体继电器；3—储油柜；4—联管

2.2　压 力 释 放 阀

2.2.1　压力释放阀结构组成

压力释放阀主要由阀体及电气、机械信号装置、铭牌组成。如图 2-14 所示为压力释放阀机械组成示意图。

（1）压力释放阀阀体。压力释放阀阀体主要由弹簧、阀座、法兰密封垫、膜盘以及外罩、锁帽保护套等部分构成，阀体一般由耐腐蚀、表层涂灰色的铸

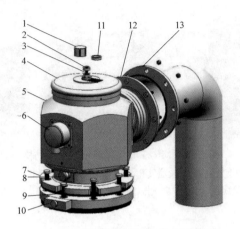

图 2-14　压力释放阀机械组成示意图
1—锁帽；2—防雨罩；3—指示杆；4—闷盖；5—阀罩；6—接线盒；7—阀座；8—放气阀
9—密封圈；10—蝶阀；11—锁帽防雨罩；12—导油装置；13—排油管

铝（或铸铁）合金制成，各构成部分的作用如下：

外罩：压力释放阀的外罩由阀罩和阀盖组成，主要用于保护内部微动开关和弹簧免受外部环境影响。

锁帽：用于变压器整体密封时用，在变压器运行前，需要将其拆下。排油管：也称导油管，是带定向喷射装置的压力释放阀组件。排油管能够在压力释放阀动作时，在导油装置的约束下形成定向喷射，将变压器油排至油池。

阀座：用于固定压力释放阀的法兰组件，可以通过螺栓将压力释放阀固定在变压器顶盖上。

（2）压力释放阀电气部分。压力释放阀的电气部分一般由微动开关、接线盒内的端子信号接点组成。当压力释放阀动作时，运维人员可以在主控室通过信号接点状态的变化，来判断压力释放阀动作情况。

（3）压力释放阀机械指示部分。压力释放阀的机械指示部分是由机械信号指示装置组成。可通过指示杆位置的变化，观察判断压力释放阀动作状态，如图 2-15 所示。

部分压力释放阀还配置了扬旗，压力释放阀动作时，指示杆上升过程会推动扬旗向上弹起，通过扬旗和指示杆位置状态的变化，方便远距离观察压力释放阀动作情况。

（4）压力释放阀铭牌。压力释放阀的铭牌上一般标注制造厂家、规格型号、制造日期、出厂编号、开启压力、接点形式等信息。

国产压力释放阀产品型号表示如图 2-16 所示。

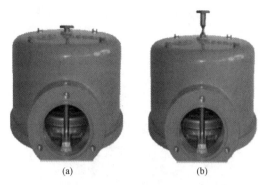

图 2-15　压力释放阀动作示意图

（a）动作前；（b）动作后

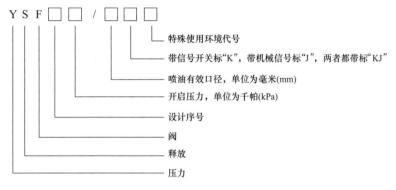

图 2-16　压力释放阀产品型号

注：在特殊使用环境代号中，干热带地区用"TA"表示，湿热带地区用"TH"表示，干、湿热带区用"T"表示。D表示带定向喷油，K表示带电气信号 J表示机械信号 B表示带闭锁装置。

国产压力释放阀的常见开启压力见表 2-1。

表 2-1　　　　　　　　　　　　压力释放阀的常用规格

喷油有效口径	开启压力（kPa）
φ25	15.25、35、55
φ50	
φ80	35.55、70、85
φ130	

以国产 YSF4Ⅱ-55/130 KJTH 型压力释放阀为例进行阐述，铭牌上标注了

压力释放阀的生产厂家、联系方式、规格型号、制造日期、出厂编号等信息，其
铭牌如图 2-17 所示。

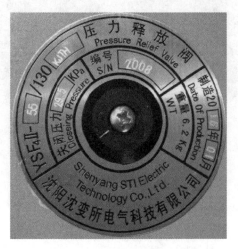

图 2-17　压力释放阀铭牌

其中，型号 YSF4-55/130KJTH，表示压力释放阀 4 型，第 2 次设计，开启
压力为 55kPa，喷油有效口径为 130mm，带定向喷油、带机械及双路电气报警
信号，适合湿热带地区使用。国外压力释放阀主要产品开启压力见表 2-2。

表 2-2　　　　　　　　　　　　国外压力释放阀主要产品规格

参数	开启压力值
04	4psi；0.28bar（28kPa）
06	6psi；0.41bar（41kPa）
08	8psi；0.55bar（55kPa）
10	10psi；0.69bar（69kPa）
12	12psi；0.83bar（83kPa）
15	15psi；1.03bar（103kPa）
17	17psi；1.17bar（117kPa）
20	20psi；1.38bar（138kPa）
25	25psi；1.72bar（172kPa）
30	30psi；2.07bar（207kPa）

注　psi 英文全称为 pounds per square inch。p 代表磅（pound），s 代表平方米（square），i 代表是英
寸（inch）。单位换算关系：1bar＝100kPa，1psi≈6.895kPa，在进行压力释放阀检测需注意其
单位。

2.2.2 压力释放阀的安装

压力释放阀一般被安装在顶盖靠近油箱的两端，常见安装在铁芯上方和绕组正上方之间的任何一个位置。压力释放阀在电力变压器的典型安装位置如图 2-18 所示。

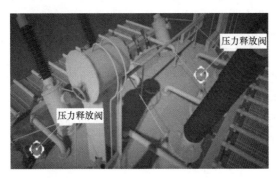

图 2-18 压力释放阀安装位置示意图

2.3 速动油压继电器

2.3.1 速动油压继电器结构组成

速动油压继电器结构相对统一，一般由外壳、内部检测动作机构、电气开关等组成，以 Qualitrol 900 型速动油压继电器为例，其组成如图 2-19 所示。

图 2-19 速动油压继电器
1—外壳；2—放气塞；3—安装法兰；4—通气口；5—电气接口；6—电缆连接插头；7—感应波纹管

（1）壳体。速动油压继电器为了避免变压器油温或凝露造成的器件腐蚀损坏，壳体一般由耐气候变化的铸铝合金材料铸造，表层一般涂有灰色防腐蚀涂层。

图 2-20 代表了法兰连接和螺纹连接的不同连接方式，具体连接形式需要根据变压器安装位置的形式进行确定，一般安装在电力变压器侧壁上。

壳体上其他部件说明：

通风口：速动油压继电器壳体上的测试口，可以通过充气方式进行定性判断继电器是否动作，一般采用黄铜或铜材质。

排气系统：也称放气塞，用于在安装过程排除继电器腔体内部的气体，保证腔体内部充满变压器油。

（2）铭牌。JB/T 10430—2015《变压器用速动油压继电器》中，速动油压继电器的型号表示方法如图 2-20 所示。

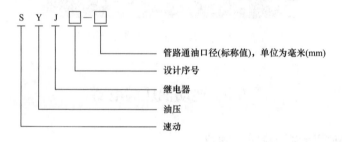

图 2-20　速动油压继电器

以国产 SJY$_9$ 型速动油压继电器为例，其在铭牌上标注了产品名称、制造单位名称、规格型号、制造日期、出厂编号、联系方式等信息，如图 2-21 所示。

其中，SJY$_9$-50-25TH（s）表示第 9 次设计的速动油压继电器，管路通油口径为 50mm，带有双路电气信号输出接点、适用于湿热带地区的速动油压继电器；其中动作灵敏度 25kPa 为速动油压继电器动作时其压力的净增加值，即压力上升速率与动作响应时间的乘积。

（3）检测机构。速动油压继电器检测机构由可变气室、弹性元件及配套组件组成，以此实现对变压器油箱压速率进行检测。速动油压继电器监控的对象是故障压速率，油箱中每一压速率，继电器中固定气室都有与之对应的压速率动作响应时间值，也实现了对故障压速率的全程监控。

以国产 SJY$_9$ 型速动油压继电器和进口 Qualitrol 900 型速动油压继电器内部结构进行详细阐述。

1）SJY$_9$ 型速动油压继电器各部件说明。SJY$_9$ 型速动油压继电器结构示意图如图 2-22 所示。

图 2-21　速动油压继电器铭牌示意图

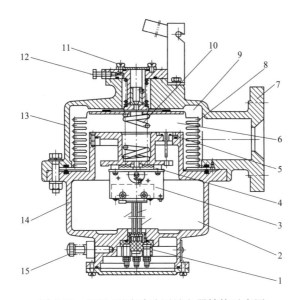

图 2-22　SJY₉型速动油压继电器结构示意图

1—接线盒；2—气室Ⅱ；3—微动开关；4—膨胀器；5—平衡器；6—气室Ⅰ；

7—安装法兰盘；8—隔离波纹管；9—油室；10—弹簧；11—试验孔盖；12—放气螺栓；

13—上腔；14—下腔；15—试验杆

接线盒：电气部分，用于连接继电器和后台，使继电器动作信号远传到后台，起到报警和跳闸控制作用。

气室Ⅱ：固定气室，变压器故障压力增大时与气室Ⅰ产生压差，使继电器动作。

微动开关：继电器干接点动作开关，发出报警和跳闸信号的装置。

膨胀器：触动微动开关发出报警信号的装置。

平衡器：平衡气室Ⅰ与气室Ⅱ压力的装置。

气室Ⅰ：可变气室，与变压器内部压力保持一致，变压器故障压力增大时与气室Ⅱ产生压差，使继电器动作。

安装法兰：将继电器与变压器壳体连接，起到密封与固定继电器的作用。

隔离波纹管：隔离继电器与变压器，使气室Ⅰ形成可变气室。

油室：与变压器腔体联通，实时检测变压器内部压力变化。

弹簧：与膨胀器连接，改变膨胀器动作速率的装置。

试验孔盖：密封试验孔的作用。

放气螺栓：排气系统组成部分，安装时需要打开，排出有气室内气体。

上腔：继电器上腔体，内含气室Ⅰ、分离波纹管、油室等。

下腔：继电器下腔体，即固定气室。

试验杆：手动测试继电器的装置，可以定性判断继电器是否动作。

2) Qualitrol 900 型速动油压继电器结构组成。Qualitrol 900 型速动油压继电器采用波纹管测压的工作原理，因此运行过程中并不会受正常压力转变如温度改变、振动、物理冲击或油泵起伏影响。进口速动油压继电器结构示意图如图 2-23 所示。

(4) 电气开关。速动油压继电器的电气接线部分，用于连接继电器和后台，使继电器动作信号远传到后台，起到报警和跳闸控制作用。接线盒内部的端子是速动油压继电器重要的部分，通过单路或双路报警电气开关输出信号，已达到报警与跳闸的作用。进行安装时须检查接线端子是否完好。

速动油压继电器按照其接点输出类型有单路报警、双路报警等几种电气开关形式。

2.3.2　速动油压继电器的安装

速动油压继电器一般通过 DN50mm 或 DN80mm 蝶阀水平安装在变压器油箱侧壁或者顶盖上。对于装有强油循环的变压器，继电器不应装在靠近出油管的区域，以免在启动和停止油泵时，继电器出现误动作。安装在变压器油箱侧壁上，放气塞在上端；可以通过法兰连接或者螺纹连接进固定，其安装位置距离储油柜中油面距离高为 1～3m；一般配电变压器安装于油箱中部（偏上）位置即可。速动油压继电器安装位置如图 2-24 所示。

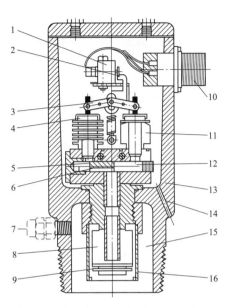

图 2-23　进口速动油压继电器结构示意图

1—电气开关；2—制动杆；3—主动联动器（传动连杆）；4—控制波纹管；5—控制小孔
6—金属温度补偿；7—放气塞；8—硅油；9—检测波纹管；10—电缆出线口；11—控制波纹管；
12—检测液体管路；13—外壳；14—放油孔；15—中间传感腔（腔体）；16—保护罩

 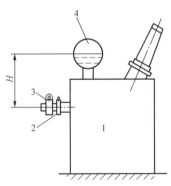

图 2-24　速动油压继电器的安装位置示意图

1—变压器油箱；2—蝶阀；3—速动油压继电器；4—储油柜

　　速动油压继电器实现了对压力上升速率的动态监测，动态保护，有效地弥补了压力释放阀在故障变压器油箱内的压速率过大时不能有效泄压的问题，能够提高油浸式电力变压器的保护性能。

2.4　变压器用温控器

变压器用温控器是依据密闭系统内部介质的体积或压力随温度变化的原理来工作的，其典型结构图如图 2-25 所示。

温控器是压力式温度计的一种，专门用于油浸式电力变压器油箱顶层油面温度和变压器的绕组线圈温度的测量，并通过温度计内部的多个控制开关控制变压器油箱的冷却系统的投切及二次报警回路。

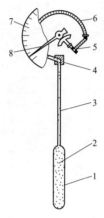

图 2-25　变压器温控器
典型结构示意图

1—温包；2—感温介质；

3—毛细管；4—基座；

5—传动机构；6—弹性元件；

7—刻度盘；8—指针

2.4.1　变压器用温控器规格型号

JB/T 6302—2016《变压器用油面温控器》中对温控器的型号定义如图 2-26 所示。

产品型号中"特殊环境代号"和"功能代号"的代表字母及含义如下：

其中：

（1）特殊环境代号：TH—适用于湿热带地区；

图 2-26　温控器产品型号说明

TA—适用于干热带地区；T—适用于干湿热合带地区。

（2）功能代号：A—输出 Pt100 铂电阻信号；I—电流输出信号；U—电压输出信号。其他功能代号由制造方自行确定。

示例：BWY-804AITH 表示具有线性刻度、有 4 个温度控制开关、输出一路 Pt100 铂电阻信号和一路电流信号（两线制）、可用于湿热带地区的变压器用温控器。

2.4.2 变压器用温控器结构组成

（1）油面温控器结构组成。变压器用油面温控器是一种带有电气接点和远传信号装置，用于显示变压器顶层油温，并输出控制信号和远传信号的压力式仪表。

油面温控器的测温系统主要由弹性元件、毛细管和温包三部分组成，温包中充满感温液体，当被变压器油箱内部油温温度发生变化时，由于液体的"热胀冷缩"效应，温包内液体的体积随之线性变化，体积变化量通过毛细管传递至温控器内的弹性元件，使之发生相应位移，该位移量经过放大元件放大后便可以指示被测温度，并且触发温度控制开关输出电信号驱动冷却系统，达到控制变压器温升和保护变压器的目的，如图 2-27 所示。

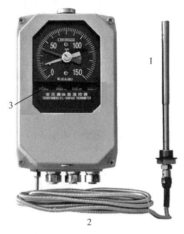

图 2-27 油面温控器及其测温系统

1—温包；2—毛细管；3—弹性元件

注：1. 温包是温控器测温系统中感受被测温度的元件。

    2. 温控器中连接温度和弹性元件的导管称为毛细管。

    3. 温度控制开关是由温度变化控制其动作的开关，用于控制变压器冷却系统的启停及输出变压器温度的报警、跳闸信号等。

变压器油面温控器的结构组成具体如图 2-28 所示。

油面温控器示值指的是温控器表盘上显示的当前温度值，运维人员通过读取示值，了解当前变压器的运行状况，并能够通过表盘上红色指针（最高温度指示指针）的位置了解该变压器在使用过程中曾经达到的最高温度，便于掌握变压器的历史运行状况。红色指针只能够通过手工转动。

（2）绕组温控器结构组成。变压器绕组温控器是带有电气接点和远传信号装

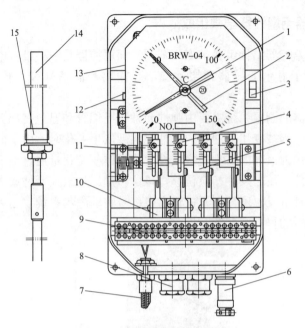

图 2-28 油面温控器结构示意图

1—指示指针；2—最高温度指示指针；3—微调螺钉；4—设定指针；5—刻度盘；

6—匹配器插件；7—毛细管；8—引线接头；9—接线端子；10—微动开关；11—检验柄

12—电热元件；13—波纹管；14—温包；15—安装螺栓

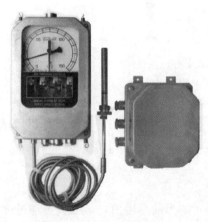

图 2-29 变压器用绕组温控器

置，采用热模拟技术显示变压器绕组温度，并输出控制信号和远传信号的压力式仪表，绕组温控器相对于油面温控器，增加了变流器装置。变压器用绕组温控器如图 2-29 所示。

变流器是用于从主变压器电流互感器二次侧取得电流，经过调整变换后输送到绕组温控器中的电热元件，从而使绕组温控器指示出一个比油温高一个温差 ΔT 的温度指示值。变流器根据主变压器电流互感器的二次侧额定电流（5、3、2、1A）不同，可参考变流器盒盖内接线图进行接线。

（3）远传信号装置。变压器温控器的远传信号装置一般采用数显温度控制仪，安装在控制机房内，温控器将铂电阻传感器阻值的变化或温度变化产生的机械位移变为滑线变阻的阻值变化，模拟输出为 4～20mA 电流信号，或 0～5、1～5V 电压信号输入到数显温控仪，运维人员可在控制室内观察变压器油面或绕组的温度变化情况。

2.4.3　变压器用温控器的安装

变压器用温控器的表盘一般垂直安装在变压器侧壁上，便于目视观察的位置。变压器用温控器的温包安装于变压器顶部中具有适量变压器油的温度计座内。通常为了防止毛细管因弯曲半径过小折裂，影响温控器，毛细管在按照预定走向敷设时，其弯曲半径不小于 150mm，并固定在变压器适当位置。

变压器用温控器在变压器上的安装位置如图 2-30 所示。

图 2-30　油浸式变压器用温控器安装位置图

2.5　油　位　计

2.5.1　油位计规格型号

2.5.1.1　油位计型号

JB/T 10692—2018《变压器用油位计》对油位计型号定义如图 2-31 所示。

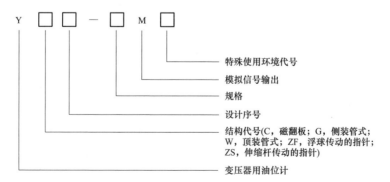

特殊使用环境代号

模拟信号输出

规格

设计序号

结构代号(C，磁翻板；G，侧装管式；W，顶装管式；ZF，浮球传动的指针；ZS，伸缩杆传动的指针)

变压器用油位计

图 2-31　国产变压器用油位计产品型号

示例：

　　YZF$_2$-200 M 表示设计序号为 2、表盘标称直径为 200mm、带有模拟信号输出功能的变压器用浮球式磁耦合传动的指针式油位计。

2.5.1.2　油位计规格

　　(1) 表盘标称直径不小于 140mm 的指针式油位计度盘刻度应为 0、1、2、3、4、5、6、7、8、9、10mm，且在最低油位和最高油位处（即 0mm 和 10mm 的位置）宜标出 MIN 和 MAX 字样。

　　(2) 磁翻板式油位计标尺标称测量范围为 80、100、125、160、200、250、315、400、500、600、770、970、1170、1370、1570mm，或它们的十进位倍数。

　　注：如采用其他规格（或尺寸），可由用户与制造方协商确定。

　　(3) 管式油位计显示窗高度（油管长度）为 50、63、80、100、125、160、200、250、350、400、500、600、770、970、1170、1370、1570mm，或它们的十进位倍数。

　　(4) 指针式油位计表盘标称直径及安装孔尺寸应符合表 2-3 要求。

表 2-3　　　　　　　　　　　指针式油位计表盘标称直径及安装孔尺寸

表盘标称尺寸（mm）	安装孔分布圆直径（mm）	安装孔数量（个）	安装孔径和螺纹（mm）
ϕ63（60）	ϕ50	3	ϕ6.5/M5
ϕ80（90）	ϕ50（ϕ76、ϕ79）	4	ϕ6.5/M5
ϕ100	ϕ82	4	ϕ6.5/M5
ϕ140（125）	ϕ116	4	ϕ12/M10
ϕ175（160）	ϕ170	4	ϕ8/M6
ϕ200	ϕ135	6	ϕ2/M10
ϕ250	ϕ130	6	ϕ12/M10
ϕ315	ϕ170	6	ϕ12/M10
186×296（宽×高）	100×80（宽×高）	4	ϕ7/M6

　　注　括号内数值为非推荐值，采用其他规格，可与制造方联系。

2.5.2　油位计的安装

　　油位计的安装是依据储油柜形式来决定的。储油柜分敞开式和密封式两大类，密封式又可分为橡胶胶囊式、橡胶隔膜密封式和金属波纹密封式等三种形式。

　　(1) 敞开式储油柜是由铁板卷制成的单一筒体，绝缘油通过结构简单的吸湿器与外界大气相通，由于吸湿器作用有限，运行时变压器油易受潮和氧化，造成绝缘不良，目前 35kV 以上变压器已不允许采用敞开式储油柜。

（2）橡胶胶囊式储油柜是在敞开式储油柜的基础上，内部加装了用于隔离空气的夹布橡胶囊，与外壳体形成密封结构，橡胶囊通过伸缩实现对绝缘油的体积补偿，胶囊内腔通过呼吸器与大气相通。此种结构储油柜初步实现了绝缘油与空气的隔离，一定程度上减少了绝缘油的吸湿和氧化，缓解了变压器油受潮和氧化对设备的影响，但需要定期更换呼吸器内的硅胶粒。

（3）橡胶隔膜式储油柜由两个半圆桶体组成，中间通过法兰夹装一个橡胶隔膜，隔膜浮在油面上，将空气隔离。同胶囊式储油柜一样，隔膜式储油柜也采用橡胶材料，但此类材质易老化，寿命短，需要定期更换，且更换安装工作需要变压器放油和注油，工作量较大。

（4）金属波纹式储油柜是新一代全密封型储油柜，采用先进的不锈钢波纹补偿技术，在实现绝缘油体积补偿的同时，更能可靠地确保绝缘油与空气的隔离，并具有工作寿命长、无老化、抗破损和免维护等特点，完全适用于各类油浸式变压器、电抗器和电容器等电力设备。

金属波纹式储油柜分为外油卧式金属波纹储油柜和内油立式金属波纹管。外油卧式金属波纹储油柜是以波纹囊为气囊，通过气囊伸缩改变储油柜容积，外形同胶囊储油柜为卧式圆柱体；内油立式金属波纹管是以波纹囊为装油容器，根据补偿油量大小采用一个或多个波纹管将油管并联立式放在一个底盘上，外部加防尘罩，依靠波纹管上下移动进行绝缘油体积补偿，立式伸缩，外形为方形体形式，内油式性能较好，但体积较大。目前，在电力变压器上中使用较早和较多的是外油卧式金属波纹储油柜。

目前电力变压器上常见的是指针式油位计和管式油位计。

一般而言，浮子传动型（摆杆径向摆动）的指针式油位计应安装在密封式储油柜（横向金属波纹管）端盖的中心上，浮子传动型（摆杆轴向摆动）的指针式油位计应安装在密封式储油柜（胶囊式、纵向金属波纹管）最低油面处；隔膜式储油柜采用伸缩杆型指针式油位计，一般安装在储油柜最高油面处，油位计安装时必须保证摆杆和浮球的活动空间不受任何结构件的干扰。指针式油位计安装位置示意图如图 2-32 所示。

管式油位计根据其安装形式可分为侧装式或顶装式两种，其中侧装式一般安装在敞开式储油柜或波纹管储油柜的侧壁上，多采用厚玻璃管结构；顶装式则多用于容量小于 800kVA 的全密封油浸式变压器，安装在变压器顶部位置。

磁翻板式油位计一般安装在储油柜侧壁，目前敞开式储油柜侧壁安装的管式油位计已逐渐被磁翻板式代替。

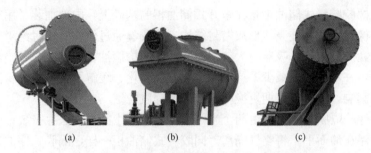

图 2-32   指针式油位计安装位置示意图
(a) 胶囊式储油柜；(b) 隔膜式储油柜；(c) 金属波纹管式储油柜

2.6   变压器冷却器用油流继电器

2.6.1   油流继电器规格型号

根据冷却器管路的标称直径，油流继电器可分为 $\phi50$、$\phi80$、$\phi100$、$\phi125$、$\phi150$、$\phi200$、$\phi250$ 等几种，国内常用的是标称直径在 $\phi150$ 以下的油流继电器。油流继电器的产品型号含义如图 2-33 所示。

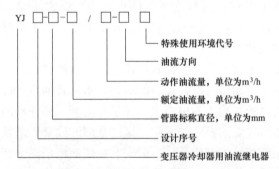

图 2-33   变压器用油流继电器的型号定义
注：在特殊使用环境代号中，干热带地区用"TA"表示，
湿热带地区用"TH"表示，干、湿热带区用"T"表示。

2.6.2   油流继电器结构组成

油流继电器主要由表盘和指针构成的显示部分，凸轮和微动开关构成的信号开关部分，由动板、传动轴、复位窝轴弹簧和调整盘构成的传动部分，以及耦合磁钢组成。变压器冷却用油流继电器结构组成如图 2-34 所示。

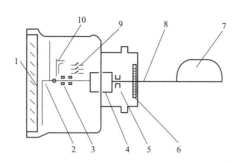

图 2-34   变压器冷却用油流继电器内部结构示意图
1—指针；2—转轴；3—轴套；4—耦合磁钢；5—复位涡卷弹簧；6—调整盘；
7—动板；8—传动轴；9—微动开关；10—拐臂

2.6.3   油流继电器的安装

油流继电器是一种监视冷却器油流的装置，一般安装在潜油泵出口的联管上。油流继电器可以显示变压器强迫油循环冷却系统内油流量变化位置，同时用来监视强油循环冷却系统的油泵运行情况，如油泵转向是否正确、阀门是否开启、管路是否有堵塞等情况。

变压器冷却用油流继电器在电力变压器上的安装位置如图 2-35 所示。

图 2-35   油流继电器安装位置图

2.7　SF₆气体密度继电器

SF₆气体密度继电器是用于监测和显示密闭容器内的SF₆气体密度的电气元件，其生产制造厂家众多，但主要以双气腔温度补偿和热双金属片、双弹簧管等几种类型。

2.7.1　SF₆气体密度继电器结构组成

SF₆气体密度继电器一般有相对腔和热双金属片两种结构形式。

相对腔结构的SF₆气体密度继电器，采用金属波纹管及标准气室补偿原理。

采用金属波纹管，将气体密度继电器内部气室进行隔离，分成标准气室（参考气室）和密封气室（连接本体气室），此类SF₆气体密度继电器也称为参比式SF₆气体密度继电器，如图2-36所示。

图2-36　波纹管SF₆气体密度继电器结构示意图
1—密封气室（连接开关本体）；2—波纹管；3—标准气室（参考气室）；
4—推杆；5—微动开关；6—指示部分

双弹簧管结构，即SF₆气体密度继电器有两个弹簧管，其本身拥有系统管（压力测量）和标准管（温度补偿）两个弹簧管。系统管一端焊接在弹簧体上，通过弹簧体与被测气室相连，用来测量被测气室内SF₆气体的压力，其结构示意图如图2-37所示。系统管另一端与标准管通过焊接方式进行刚性连接，刚性连接处两个弹簧管相互不连通。标准管另一端通过封口及拉杆与机芯连接，机械上安装指针，当机芯转动时带动指针转动。

热双金属片温度补偿类型的SF₆气体密度继电器，采用的是"C"型波登管和"U"型双金属片的气体密度继电器，其结构如图2-38所示。

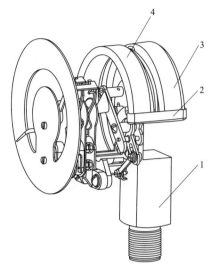

图 2-37　双弹簧管结构原理示意图

1—弹簧体；2—刚性连接；3—系统管；4—标准管

图 2-38　双金属片温度补偿气体密度继电器结构图

1—接口；2—动作值调整部分；3—双金属片；4—温度补偿调整部位；
5—弹性金属管；6—壳体；7—接线盒；8—传动机构；9—指针

2.7.2　SF₆ 气体密度继电器的安装

SF_6 气体密度继电器实际上是一种带电接点和温度补偿装置的压力表或者压力开关，对于一些换流变压器，可用其监测换流变压器高压套管气室内的 SF_6 气体密度，表盘安装在电力变压器距离套管较近的箱壁上。对于 SF_6 气体绝缘电力变压器，其本体和套管处均安装的有 SF_6 气体密度继电器。SF_6 气体密度继电器典型安装位置图如图 2-39 所示。

图 2-39　SF$_6$气体密度继电器典型安装位置图

SF$_6$气体继电器能够适应户外恶劣的环境备件，可针对电气设备中出现的SF$_6$气体的状态情况及时做出报警、闭锁反应，确保设备的安全运行。

2.8　断　流　阀

2.8.1　断流阀结构组成

断流阀一般由阀体、端盖、阀板、接线盒及控制手柄等零部件组成，两端采用法兰连接，其结构示意图如图 2-40 所示。

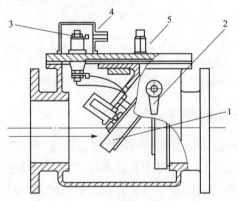

图 2-40　断流阀结构示意图
1—阀板；2—状态手柄；3—接线端子；4—电缆引线接口；5—放气阀

阀板：当储油柜内部油流流向变压器本体油箱流量达到断流阀动作流量时，自动关闭切断储油柜油流向变压器本体的油流，并能有效密封，同时其上的磁铁触动微动开关发出信号传递至控制室。

状态手柄：能够手动切换断流阀状态的一机械装置，方便注油和排油时使用。

接线端子：位于接线盒内，用于信号线接线的位置，以便在断流阀动作时，发出相应报警信号。

放气阀：安装时用于排空断流阀内部气体的阀门。

2.8.2　断流阀的安装

断流阀安装在储油柜与变压器油箱之间的管道上，是排油注氮灭火装置断流系统的重要组成部分，其在电力变压器上的安装位置如图 2-41 所示的圆圈内。

图 2-41　断流阀安装位置示意图

如图 2-42 所示，断流阀一般有手动关闭、手动开启、运行三种状态。正常工作状态下处于运行状态，当变压器出现故障快速排油时，在大流量油流作用下能够自动关闭，切断储油柜与箱体间的油流。

图 2-42　断流阀

第 3 章

电力变压器非电量组件性能检测

　　随着用电负荷的急速增加及电网容量的不断增大,在某些因素的作用下发生的电网事故,给人身及设备带来了重大的损失,并给社会经济的发展造成极大的负面影响。非电量保护组件能够很大程度上保证电力系统运行的安全和稳定,因此及时对电力变压器非电量组件进行性能检测重要的意义。

　　鉴于电力变压器非电量组件的重要性,本章节系统地从非电量组件的检验项目、检验条件、检验方法及规则等方面对非电量组件的性能检测做了详细介绍。

3.1　气　体　继　电　器

3.1.1　气体继电器性能检测的重要性

　　变压器内部故障的主保护是瓦斯保护,它能瞬间切除故障设备,但气体继电器的灵敏度却取决于整定值。当重瓦斯整定值偏小时,变压器油的正常流动极易使继电器产生误动作,给电网的正常运行带来严重影响;重瓦斯整定值偏大时,气体继电器不能有效地起到保护作用,导致故障不能被及时发现,甚至事故会进一步扩大。另外,气体继电器还会出现诸如触点接触不良、干簧管破裂、漏油等现象而造成气体继电器保护功能失效的现象。

　　气体继电器在安装前需要进行检测,是由于气体继电器出厂时不是根据所配装设备的要求进行整定,而是一固定值,因此虽然继电器本体是合格的,但仍需在安装前进行检验以保证继电器能够可靠动作。另外,对于相同口径的气体继电器安装在不同容量、不同冷却方式的变压器上时,因其重瓦斯整定值不同,需要针对变压器容量并根据 DL/T 540—2013《气体继电器检验规程》来对继电器进行调校。

　　另外,气体继电器长期不动作,可能产生触点接触不良、动作值发生变化;同时,随着气体继电器运行年限的增加,其元件产生老化、损坏的可能性增大,为变压器安全运行留下安全隐患。

　　《国家电网有限公司十八项电网重大反事故措施》(2018 年修订版)中 9.3 "防止变压器保护事故"规定了"气体继电器在交接和变压器大修时应进行检

测"。

综上所述，开展气体继电器检测工作是非常重要和必要的，这不仅关系到设备故障的及时发现和处理，更重要的是它能够及时切断故障设备，有效避免事故的进一步扩大。

3.1.2　气体继电器性能检测

3.1.2.1　气体继电器性能检测周期
气体继电器检测校验可参考以下情形进行：

（1）气体继电器安装前。

（2）气体继电器检验周期一般不超过 5 年。

（3）结合变压器大修时。

（4）气体继电器误动、拒动、检修后等必要时。

3.1.2.2　气体继电器性能检测项目
气体继电器实验室校验项目见表 3-1。

表 3-1　　　　　　　　　气体继电器实验室校验项目

检验项目	安装前检验	例行检验	型式检验
外观检查	√	√	√
绝缘电阻检查	√	√	√
耐压试验	√	√	√
密封性	√	√	√
流速整定	√	√	√
气体容积整定	√	√	√
干簧接点导通试验	√	√	√
动作特性试验	√	√	√
防水性能试验			√
抗震能力			√
反向油流试验			√

注　1. 表中"√"表示应检项目。

　　2. 定期的型式试验应至少每五年进行一次，按产品批量抽取样件进行。若产品材料、结构、工艺发生变化而影响产品性能时，需要做相关项目的型式试验。

　　3. 产品出厂非型式试验时，可以参照例行检查进行相关试验。

3.1.2.3　气体继电器性能检测方法
（1）外观检查。

1) 气体继电器壳体表面光洁，无油漆脱落、无锈蚀、玻璃视窗刻度清晰、出线端子应便于接线；端子无松动、放气阀和探针等均应完好。

2) 铭牌应采用黄铜或不锈钢材质，应包含厂家、型号、编号、参数等内容。

3) 继电器内部零件应完好，各螺栓应有弹簧垫圈并拧紧，固定支架固定可靠，各焊缝处应焊接良好，无漏焊。

4) 放气阀、探针操作应灵活。

5) 开口杯转动应灵活。

6) 干簧管固定牢固，并套有缓冲套，干簧管应完好无渗油，根部引出线焊接可靠，引出硬柱不能弯曲并套软塑料管排列固定，永久磁铁在框架内固定牢固。

7) 挡板转动应灵活。干簧触点可动片面向永久磁铁并保持平行，尽可能调整两个触点同时断合。

8) 检查动作于跳闸的干簧触点。转动挡板至干簧管触点刚开始动作处，永久磁铁面距干簧触点玻璃管面的间隙应保持在合理的范围内；继续转动挡板至终止位置，干簧触点应可靠吸合，并保持其间隙在合理范围内，否则应进行调整。

（2）绝缘强度试验。

1) 气体继电器的干簧触点可选用 1000V 绝缘电阻表测量其绝缘电阻，正常情况下，其电阻值不应小于 300MΩ。

2) 出线端子对地以及无电气连接的出线端子间，可用工频电压 1000V 进行 1min 介质强度试验；或用 2500V 绝缘电阻表进行 1min 介质强度试验，无击穿、闪络，采用 2500V 绝缘电阻表在耐压试验前后，测量的绝缘电阻不应小于 10MΩ。

（3）密封性试验。

1) 对挡板式继电器密封检验，在气体继电器充满变压器油，加压至 0.2MPa；稳压 20min 后，检查气体继电器的放气阀、探针、干簧管、出线端子、壳体及各密封处，应无渗漏。

2) 对空心浮子式继电器密封检验，先对继电器内部抽真空，在绝对压力不高于 133Pa 环境下保持 5min；在维持真空状态下对继电器内部注满变压器油，加压至 0.2MPa；稳压 20min 后，检查放气阀、探针、干簧管、出线端子、壳体及各密封处，气体继电器应无渗漏。

（4）流速值试验。

1) 气体继电器动作流速整定值以连接管内稳态流速为准，流速整定值由变压器、有载分接开关生产厂家提供。

DL/T 573—2021《电力变压器检修导则》中，对气体继电器的油流速整定值规定如下：

除制造厂有特殊要求外，对于重瓦斯信号，油流速达到自冷式变压器 0.8～1.0m/s；强油循环变压器 1.0～1.2m/s；120MVA 以上变压器 1.2～1.3m/s 时，气体继电器重瓦斯应动作，同时指针停留在动作后的倾斜状态，并发出重瓦斯动作标志（掉牌）。

2）继电器动作流速整定值试验，油流速度从 0m/s 开始，在流速整定值的 30%～40% 之间的油流冲击下，稳定 3～5min，观察其稳定性；然后开始缓慢、均匀、稳定增加流速，直至有跳闸动作输出时测得稳态流速值为流速动作值，从缓慢、均匀、稳定增加流速开始至有跳闸动作输出时流速的平均变化量不能大于 0.02m/s。重复实验三次，继电器各次动作值误差不大于整定值±10%，三次测量动作值之间的最大误差不超过整定值的 10%。

3）继电器校验不符合整定值时，可调整的继电器应进行调整，使之达到整定值。

4）继电器校验时，油温应在 25～40℃ 之间。

注意：流速整定值：预先设定的气体继电器动作的油流速值。

流速动作值：在校验时气体继电器实际动作的油流速值。

（5）气体容积值试验。

1）将继电器充满变压器油后，两端密封，水平放置，打开继电器放气阀，并对继电器进行缓慢放油，直至有信号动作输出时，测量放出油的体积值，即为继电器气体容积动作值。重复实验三次。

2）$\phi50$、$\phi80$ 气体继电器，轻瓦斯动作范围为 250～300mL；$\phi25$ 气体继电器轻瓦斯动作范围为 200～250mL。

注意：$\phi25$ 气体继电器容积值数据源自 JB/T 9647—2014《变压器用气体继电器》。

3）继电器校验不符合整定值时，可调整的继电器应进行调整，使之达到整定值要求。

注意：气体容积整定值：预先设定的气体继电器动作的气体容积值。

气体容积动作值：在校验时气体继电器实际动作时的气体容积值。

（6）防水性能试验。采用喷嘴内径为 6.3mm 的试验喷枪，调节水流量至（12.5±0.625）L/min，保证水流中心部分距离喷嘴 2.5m 处形成直径约为 40mm 的圆，将气体继电器密封放置在距离喷嘴 2.5～3m 处试验平台上，对气体继电器所有可能进水的方向进行喷水试验，外壳每平方米喷水时间约 1min，整个过程不少于 3min。

试验前后，检查气体继电器内部应无进水情况，继电器接线盒内不发生水积聚，且能够排出。

（7）抗振能力试验。将继电器充以清洁的变压器油，在跳闸接点上接以指示装置，然后装在振动台上，作正弦波的振动试验，频率为 4～20Hz（正弦波），加速度为 40m/s² 时，在 X、Y、Z 轴三个方向各试 1min，指示装置不发出信号为合格。

注意：以继电器所连接的管子轴线方向为 X 轴，在同一水平面上和 X 轴垂直的为 Y 轴，与 XY 平面垂直的轴为 Z 轴。

（8）反向油流试验。以继电器的最大油流速度（最大整定油速），反向冲击 3 次（每次持续 5min），继电器内各部件应无变形、位移和损伤；然后再次进行流速整定值、气体容积整定值、绝缘电阻检查，其性能仍应满足要求。

（9）干簧触点试验。

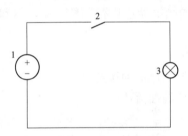

图 3-1　干簧触点断开容量试验接线图
1—电源；2—干簧接点；3—负载灯泡

1）干簧触电断开容量试验。可按如图 3-1 所示，将干簧接点接入电路中，通过对继电器进行油流冲击使干簧管产生开端动作，重复试验 3 次，应能正常接通和断开。采用直流 110V 供电时，负载可选用 30W 灯泡进行试验；采用直流 220V 供电时负载，可选用 60W 灯泡进行试验。

2）干簧触点接触电阻。干簧触点断开容量试验后，其触点间的接触电阻应小于 0.15Ω。

3.1.2.4　气体继电器性能检测对校验设备的要求

（1）检验装置的测试管路与被测继电器口径一致。

（2）流速测试校验应采用油流式检验方式，应采用准确度等级不低于 2.0 级的检验装置；也可以采用流量计准确度等级不低于 1.0 等级，其他检验项目准确度等级不低于 2.0 级的检验装置。

气体继电器检验设备典型管路结构如图 3-2 所示。

（3）检验装置的流速检验范围为：$\phi25$ 为 0.6m/s～4.0m/s；$\phi50$ 为 0.6m/s～3.0m/s；$\phi80$ 为 0.6m/s～2.0m/s。

（4）检验装置的容积检验范围为：0～500mL。

（5）检验装置的密封性能试验参数为：0.2MPa；20min。

（6）检验时油温为 25～40℃。

（7）检验装置中所用计量器具均应检定合格。

（8）其他仪器和设备条件：

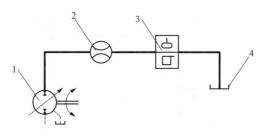

图 3-2　典型校验设备管路结构图

1—液压泵；2—涡轮流量计；3—气体继电器；4—油箱

绝缘电阻表（绝缘电阻表）。

输出电压为：1000V/2500V，最大输出电流大于或等于 1mA。

耐压测试仪：频率为 50Hz，输出电压不低于 1000V。

振动试验台：频率为 4～20Hz（正弦波），加速度为 40m/s^2 时，在 X、Y、Z 轴三个方向能够运行 1min。

3.1.2.5　气体继电器性能检测对环境条件的要求

（1）环境温度：0～40℃。

（2）相对湿度：≤75%。

3.1.2.6　气体继电器性能检测流程

气体继电器进行例行试验时，可参考如图 3-3 所示的校验流程进行试验。

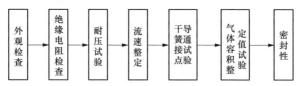

图 3-3　例行试验流程

3.1.2.7　气体继电器性能检测数据处理及判定

（1）校验数据处理。

1）气体继电器校验过程，若出现校验项目不合格，如外观、绝缘、耐压测试不良情况，对继电器进行返厂维修或报废处理。

2）国产气体继电器可依据弹簧杆一侧的刻度及重锤的杠杆原理进行整定值调整。

（2）气体继电器整定值调整。

1）国产开口杯挡板式气体继电器的定值调整。旋开气体继电器顶部固定盖板（接线盒）的螺栓，打开气体继电器的接线盒盖，气体继电器拆解示意图如图 3-4 所示。

图 3-4　气体继电器
1—螺栓；2—固定螺栓

　　将气体继电器 4 个角的固定螺栓（2）拆下，将气体继电器的芯子从气体继电器的腔体内取出，将气体继电器芯子倒置放置在桌面上。气体继电器放置示意图如图 3-5 所示。

　　a. 轻瓦斯定值调整。气体继电器开口杯（浮子）与重锤之间是一个杠杆原理，浸在油中受到油浮力作用之下，达到平衡。因开口杯体积一定，调整轻瓦斯动作值，就是调整重锤离中心点的距离，离中心点越近，轻瓦斯动作值就越小；离中心点越远，轻瓦斯动作值就越大。通过调整重锤的位置，可以实现改变轻瓦斯整定值的目的，具体调整方法如下：① 松开重锤固定螺母；② 根据轻瓦斯定值调整要求，旋转重锤方向。

　　若需要将整定值调小，使重锤向靠近中心点方向调整，调至合适位置，用螺母将重锤固定。因重锤力臂较小，开口杯下降较浅位置就可以吸合和干簧管触点，轻瓦斯动作值变小。

　　若整定值调大，需要反方向调整。轻瓦斯动作值调整如图 3-6 所示。

图 3-5　气体继电器

图 3-6　轻瓦斯动作值调整
1—固定螺母；2—重锤

b. 重瓦斯定值调整。重瓦斯整定值调整，可通过调节杆调节弹簧拉力大小。弹簧拉得越紧，给挡板的反作用力就越大，油流冲击需要的流速越大，重瓦斯动作值就越大；反之，弹簧拉力越小动作值就越小。重瓦斯动作值调整如图 3-7 所示。

重瓦斯动作值调整具体步骤：

（a）松开调节杆锁紧螺母。

（b）松开调节螺母，将弹簧向外拉伸（重瓦斯整定值调大）或向里压缩（重瓦斯调小）开至合适位置，然后先将调节螺母拧紧，再将锁紧螺母固定拧紧。

图 3-7　重瓦斯动作值调整
1—锁紧螺母；2—调节螺母

（c）将瓦斯继电按照拆开的反过程重新装配，在校验台上重新进行油流速测试，确认调整是否符合要求，若不符合要求，重新进行调整。

（d）调整重瓦斯时侧面标尺刻度有很好参考作用。刻度尺标注的继电器流速的动作范围，宜可在此范围调整。

2）EMB 气体继电器调整（双浮子式）。EMB 气体继电器调整时，需要与制造厂家充分沟通方可调整。

以 EMB 气体继电器为例，继电器的调整方法如下：

a. 重瓦斯整定值调整。

调整方法一：改变挡板设定值。改变设定的步骤如下：

（a）气体继电器放油。

（b）卸下上盖的 M8 六角螺钉。

（c）从外壳上拆下上盖连同开关机构。

（d）松开调整螺栓。

（e）将磁性底板从中间板狭槽的咬合中提起，再移位，直到从磁性底板的方孔看到预期的动作值。

（f）将磁性底板卡合到位，拧紧调整螺钉。

（g）将上盖连同开关机构重新装回外壳。

（h）进行测试验证，确认调整是否符合要求。

磁性底板调整示意图如图 3-8 所示。

调整方法二：如图 3-9 所示，具体调整方法如下：

（a）松开动作机构上的调整螺钉。

注意：动作机构标注的"Q"标识快速动作，"S"表示缓慢动作，从"Q"

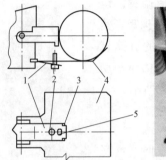

图 3-8　磁性底板调整示意图

1—磁性底板；2—调整螺栓；3—狭槽；4—中间板；5—方孔

到"S"方向调整，流速值减小，反之变大。

（b）移动至合适的位置后，拧紧调整螺钉。

（c）进行测试，验证调整是否符合要求。

调整方法三：实际上，也可以通过松开螺栓的锁紧螺母，调节螺栓位置，改变恒磁磁铁对挡板磁力的大小，实现调整气体继电器动作值目的。调整位置示意图如图 3-10 所示。

图 3-9　调整位置示意图　　　　　　　图 3-10　调整位置示意图

b. 轻瓦斯整定值调整。轻瓦斯调整，可以参考重瓦斯调整方法二进行。

需要注意的是气体继电器在校验完成后，若需要远距离运输，应将动作机构进行固定，并单独包装，包装质量应能防止雨水进入，以免运输过程中损坏，且铭牌、接线端子应该涂抹防锈油加以保护。

3.2 压 力 释 放 阀

3.2.1 压力释放阀性能检测的重要性

压力释放阀是油浸式电力变压器的一种压力保护装置。

压力释放阀经过长时间的运行，尤其是在恶劣条件下运行，内部密封圈可能出现粘连、损坏等情况，电气开关绝缘性能也会降低，此类压力释放阀若继续运行容易产生渗漏、误报警或拒动。

GB/T 6451—2015《油浸式电力变压器技术参数和要求》中规定，800kVA及以上的变压器应装有压力保护装置，而密封式变压器均应装有压力保护装置，且应保证在温升及负载允许的状态下变压器能够正常运行，压力保护装置不动作。

《国家电网有限公司十八项电网重大反事故措施》（2018 年修订版）中 9.3 "防止大型变压器（电抗器）损坏事故"中要求压力释放阀在交接和变压器大修时应进行试验。作为变压器最重要的非电量保护装置之一，曾多次发生过变压器油箱开裂而压力释放阀未动作以及压力释放阀误动作引起变压器非计划停运的事件，因此压力释放阀的运行可靠性直接关系到变压器的运行安全。通过对压力释放阀的校验，可以避免不合格的压力释放阀安装到变压器并投入运行，对于电力变压器的安全运行具有重要意义。加强压力释放阀校验监督，严把校验关是一项非常重要的工作。

3.2.2 压力释放阀性能检测

3.2.2.1 压力释放阀性能检测周期

压力释放阀目前尚未标准、规范对其校验周期进行明确规定，对于压力释放阀可参考以下情形开展校验：

（1）压力释放阀安装前。

（2）检验周期一般不超过 5 年。

（3）结合变压器大修进行继电器检验。

（4）压力释放阀出现误动、拒动或检修后等必要时。

3.2.2.2 压力释放阀性能检测项目

压力释放阀性能检测可按照表 3-2 中的检测项目进行。

3.2.2.3 压力释放阀性能检测方法

（1）外观检查。采用手动、目视方式对压力释放阀的装配及外观质量进行检查，其外观应满足以下要求：

表 3-2　　　　　　　　　　　　压力释放阀校验项目

试验项目	例行试验	型式试验
外观检查	√	√
开启压力试验	√	√
信号开关绝缘性能试验	√	√
时效开启性能试验	√	√
密封压力值的密封性能试验	√	√
关闭压力试验	√	√
开启时间试验		√
高温开启性能试验		√
低温开启性能试验		√
密封圈耐油及耐老化性能试验		√
真空密封性能试验		√
500 次动作可靠性试验		√
排量性能试验		√
外壳防护性能试验		√
抗振动能力试验		√

注 1. 例行试验参考 T/CEC 355—2020《变压器用压力释放阀校准规范》，型式试验参考 JB/T 7065—2015《变压器用压力释放阀》。

2. 两个规程区别在于 JB/T 7065—2015《变压器用压力释放阀》在例行试验中要求测试开启时间，而将关闭压力试验列入型式试验。T/CEC 355—2020《变压器用压力释放阀校准规范》仅规定了例行试验项目。

3. 正常生产的产品应至少每 5 年进行一次型式试验。另外，当遇到下列情况之一时，需重新进行型式试验：

(1) 新产品试制生产时。

(2) 当设计、工艺、材料的变更足以引起产品性能变化时。

(3) 停产期超过 6 个月再恢复生产时。

(4) 例行试验结果与前次型式试验结果有较大差异时。

(5) 新产品需有两台进行型式试验。其他情况下，应从一批产品中抽取 2%，但不少于 5 台。

1) 压力释放阀应装有防腐蚀的永久性铭牌，铭牌标志至少应包含以下内容：产品名称、型号规格、出厂编号、制造单位、制造日期等。

2) 压力释放阀外罩及阀座应平直，中心线应对准，不应有歪扭现象。

3) 压力释放阀外表面涂层应耐油、均匀、光亮，不应有脱皮、气泡、堆积等缺陷。

4）标志杆应着色，颜色醒目。

根据压力释放阀的喷油口径选择合适的压力试罐，并检查释放阀密封圈完好，无变形、老化等。

（2）信号开关绝缘性能试验。压力释放阀信号开关绝缘性能检查包括接点端子间及接点端子对地绝缘性能检查：

1）接点端子间进行试验时，接点应在断开位置，将其中一个接点端子接地、耐电压测试仪置于工作状态，对接点间施加 2000V 的工频电压，持续加压 1min，测试过程中不应出现闪络、击穿现象。

2）接点端子对地进行试验时，将两组端子全部短接后，在端子与地（或壳体）之间施加 2000 V 工频电压，持续加压 1min，测试过程不应出现闪络、击穿现象。

（3）开启压力校准试验。压力释放阀校准系统通常由计算机控制系统、空气压缩机、试验罐、储气罐（如气源稳定，压力及流量可满足试验要求，则可不设储气罐）、压力标准器和电磁阀等组成，如图 3-11 所示。

计算机控制系统中 AD 卡用于压力信号的测量，数字量输出卡用于电磁阀的控制以实现对罐体的充放气。

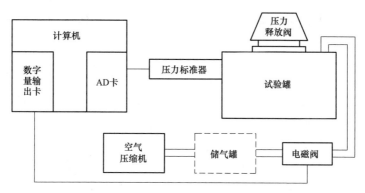

图 3-11　压力释放阀的校准原理

开启压力校验方法如下：

1）将压力释放阀安装固定在和它的喷油口径相符的开启压力试验罐体上，拆除标志杆上的压板（或保护罩）。

2）向试验罐内注入 25～40kPa/s 压缩空气，压力释放阀应能够连续间歇跳动，周期为 1～4s，信号开关能可靠切换和自锁。

3）每次动作后压力标准器的压力值为开启压力实测值 P_s，连续动作 10 次，取 10 次测量值。

4）按式（3-1）计算开启压力偏差 ΔP。

$$\Delta P = P_k - P_s \tag{3-1}$$

式中　P_k——被检压力释放阀的开启压力标称值；

　　　P_s——被检压力释放阀在试验中的开启压力实测值；

　　　ΔP——被检压力释放阀的开启压力偏差。

（4）时效开启压力试验。开启压力试验后释放阀至少静放 24h 后再次试验测得的第一次开启压力值。时效开启压力的试验方法同开启压力方法相同。

（5）关闭压力试验。将压力释放阀安装在相应的关闭压力试验罐体上，锁紧螺母（或其他紧固方式），拆除标志杆上的压板（或保护罩）；向罐内注入压缩空气，压力释放阀膜盘跳起后，立即关闭进气阀；压力完全停止下降时的压力值即为关闭压力，试验不少于 3 次，取其中最低值作为关闭压力值。

（6）密封性能试验。密封性能试验是将压力释放阀安装在做密封试验设备上，向压力释放阀施加符合规定的密封压力的试验。采用液体进行试验，历时 2h，检查渗漏情况，并记录压力示值；若采用气体进行试验，历时 10min，检查后 5min 泄漏情况，并记录压力示值。

（7）开启时间试验。试验系统由试罐、点火装置、压力传感器、信号前置放大器和记录仪（或其他仪器）组成。将压力释放阀装在试罐上，连接好电器回路。

对试罐抽真空达到一定真空后，关闭真空泵，迅速向试罐内充以备好的氢气，关闭进气阀门，引爆混合气体来模拟短路事故；通过压力传感器，信号前置放大器和记录仪录出整个试罐内压力的动作过程，重复上述三次，保证至少有两次压力释放阀的动作开启时间不大于 2ms 为合格。

若采用混合气体作为介质，通过引爆的方式测试试验，应做好安全防护。

（8）高温开启性能试验。启动高低温试验箱，调整控制温度为 120℃；将安装有压力释放阀的试罐置于试验箱内；当温度达到 120℃时计时，保持 30min，取出试罐装好压力表；向罐内充以压缩空气，当压力增量在 25～40kPa/s，罐内压力达到开启压力时，压力释放阀应开启，且间歇跳动，机械标志和信号开关应动作正常，动作 10 次无异常为合格，全部试验不应超过 2min。

（9）低温开启性能试验。常温、时效、高温开启压力试验合格的释放阀，需至少静置 24h，才能进行低温开启性能试验。

启动恒温箱，调整控制温度为 −30℃，将安装有压力释放阀的试罐置于恒温箱内，当温度达到 −30℃后，保持 30min，取出试罐，然后装好压力表；向罐内充以压缩空气，当压力增量在 25～40kPa/s，罐内压力达到开启压力时，压力释放阀应开启，且间歇跳动，机械标志和信号开关应动作正常，动作 10 次无异常为合格，全部试验不应超过 2min。

（10）密封圈耐油及耐老化性能试验。

密封圈耐油及耐老化性能试验是将压力释放阀浸入 120℃ 的变压器油中，保持 168h 后，其性能及尺寸应符合开启试验相关要求。

（11）真空密封性能试验。真空系统由真空泵、相应分辨率的真空计和抽真空装置组成。

真空系统本身的泄漏率应低于 0.1Pa•L/s。

将压力释放阀装在抽真空装置上，启动真空泵，调整真空阀，当真空度不大于 133Pa 时，关闭真空阀门；当真空计值回到 133Pa 时开始计时，10min 后的泄压力释放阀的渗漏率不应超过 1.33Pa•L/s，且不应有损坏和变形。

泄漏率由式（3-2）计算。

$$P = (P_1 - P_2)L/t \qquad (3-2)$$

式中　P_1——开始计时的真空度（绝对压力不大于 133Pa），Pa；

P_2——达到 P_1 值 10min 后的真空度，Pa；

L——有效容积，L；

t——时间，s。

（12）500 次动作可靠性试验。500 次动作可靠性试验试验系统组成与开启压力试验系统基本相同，只增加一个计数器；500 次动作可靠性试验的实验方法与开启压力试验方法相同，使压力释放阀一直保持间歇跳动，每动作 50 次，打开压力表，观察开启压力变化情况，500 次后测得的第一次开启压力和关闭压力应符合表 3-5 的要求。

密封性能应符合下述要求：

1）压力释放阀关闭时，向释放阀施加上表规定的密封压力值的静压，历时 2h，应无渗漏。

2）压力释放阀应能承受 133Pa 的真空度，持续 10min，其泄漏率不应超过 1.33Pa•L/s，其结构件不应有永久变形和损坏。

（13）排量性能试验。

排量性能试验是将压力释放阀安装在专用试验装置上，在常温及 115℃ 条件下，分别测量液体在不同增压速度时压力释放阀开启的实际排量；根据实验结果绘制出排量与增压速度的函数曲线，验证技术条件的最大/最小排放量。

（14）外壳防护性能试验。外壳防护性能试验需要根据压力释放阀的防护等级，按 GB 4208—2017《外壳防护等级》的相应的规定进行，具体如下：

压力释放阀的防水性能试验应满足防水等级 IP55 的要求。

（15）抗振动能力试验。

抗振动能力试验是将压力释放阀跳闸端子接一指示装置，然后将压力释放阀安装在加振台上，在振动频率为 4～20Hz、加速度为 2～4g 时，在 X 轴、Y 轴、Z 轴三个方向各试 1min，指示装置不应发出信号。

有些压力释放阀受其安装环境影响，根据需要需进行防潮、防盐雾、防霉菌性能特殊性能试验。

（16）防潮性能试验。防潮性能试验主要用于确定元件、设备或其他产品在高湿度与温度循环变化组合且通常会在试验样品表面产生凝露的条件下使用、运输和贮存的适应性。若需要检验带包装样品在运输和贮存过程中的性能时，应带包装一起进行试验。

（17）防盐雾性能试验。防盐雾性能试验按 GB/T 2423.17《电工电子产品环境试验　第 2 部分：试验方法 试验 Ka：盐雾》的规定进行，用于验证试样的抗盐雾腐蚀能力，评定保护性涂层的质量和均匀性。

1）试验箱结构及试验方法需满足条件。

a）试验箱内的条件维持在规定的容差内。

b）试验箱应具备足够大的容积，能够提供稳定的、均一的试验条件（不受湍流的影响）。

c）在试验过程中，不受试样的影响。

d）盐雾不能直接喷射在试验上。

e）箱顶、箱壁或其他部位聚集的冷凝液不能滴在试样上。

f）试验箱应排气良好，防止内部压力过高，确保盐雾分布均匀，排气孔末端应进行风防护，避免试验箱内产生较强的气流。

g）喷雾装置应能够产生细小、湿润、浓密的盐雾，且喷雾装置的材料与盐溶液不发生反应。

2）试验过程。

a）试验进行目视检查，确认外观无异常，必要时可进行电气和机械性能检测。

b）对试样进行预处理，清洁时，避免用手直接接触试验表面，且不能引入二次腐蚀或者影响盐雾对试样的腐蚀。

c）将试样放入试样箱中，多个试样进行测试时，应无接触；试样放置时不得和其他部件金属接触，并应消除部件之间的影响。

d）维持试验箱的温度（35±2）℃。

e）采用高品质的氯化钠（干燥时，碘化钠的含量不超过 0.1%，杂质含量不超过 0.3%）配置盐溶液浓度为（5±1）%（质量比），维持溶液的 pH 值在 6.5～7.2 之间。试验时可采用盐酸或者氢氧化钠调节 pH 值。

f）利用喷雾装置，将盐溶液喷向试验箱内，保证试样处于暴露区域内。试验周期时间为 16、24、48、96、168、336、672h。对于连续试验的试验箱，每次试验前需要对收集的盐溶液进行测量；对于不连续的试验箱，在开始前进行 16~24h 的试运行，试运行结束后测量。盐溶液浓度符合要求后，按照连续试验进行。

g）试验结束后，试样采用不高于 35℃的自来水冲洗 5min，然后用蒸馏水或者去离子水冲洗，采用晃动或者气流干燥去掉水分。

最终检测。最终检测 3）采用目视检查，必要时测试其电气和机械特性。试验前后，试样不能出现影响使用的现象。

（18）防霉菌性能试验。防霉菌性能试验按 GB/T 2423.16《电工电子产品环境试验 第 2 部分：试验方法 试验 J 及导则：长霉》的规定进行，用于评价电子产品在潮湿条件下一段时期的运输、贮存以及使用的适应能力。

3.2.2.4 压力释放阀性能检测对校验设备的要求

（1）设备条件。压力释放阀校准用设备的技术指标要求见表 3-3。

表 3-3　　　　　　　　　　　校准用设备的技术指标

序号	名称	主要技术指标	
1	压力标准器（建议选用压力变送器）	允许误差绝对值不应大于 1kPa	
2	开启压力试罐	释放阀喷油口径（mm）	开启压力试罐容积（L）
		$\phi 25$、$\phi 50$	≥30
		$\phi 80$、$\phi 130$	≥60
		试压强度不低于 0.3MPa，压力增量 25~40kPa/s	
3	关闭压力试罐	释放阀喷油口径（mm）	关闭压力试罐容积（L）
		$\phi 25$、$\phi 50$	≥60
		$\phi 80$、$\phi 130$	≥150
		试压强度不低于 0.3MPa，压力增量达 25~40kPa/s	
4	空气压缩机	出口压力 450~550kPa	
5	储气罐	≥200L（如气源稳定，压力及流量可满足试验要求，则可不设储气罐）	
6	耐电压测试仪	准确度等级不低于 5 级，工频测试电压大于或等于 2kV	
7	高低温试验箱	温度范围需满足−30~120℃	
8	振动试验台	频率范围 1~100Hz，最大加速度不低于 5g（可任意调节）	

（2）校验介质。校准开启压力、关闭压力用工作介质宜选用空气，校准密封性能用工作介质选用纯净、无腐蚀、性能稳定的液体或气体均可。

3.2.2.5　压力释放阀性能检测对环境条件的要求

压力释放阀校验时，实验室的环境条件应满足以下要求：

(1) 环境温度：(23±5)℃。

(2) 相对湿度：不大于80％RH。

(3) 校准所处的环境附近无影响读数的机械振动和外磁场。

3.2.2.6　压力释放阀动作特性要求

压力释放阀的动作特性试验应符合表3-4中的性能参数的要求。

表 3-4　　　　　　　　压力释放阀性能参数（kPa）

开启压力[a]　P_k	开启压力偏差 ΔP	关闭压力（不小于）P_g	密封压力（不小于）P_m
15		8	9
25		13.5	15
35	±5	19	21
55		29.5	33
70		37.5	42
85		45.5	51

[a]　未能覆盖的规格，可按下列公式进行计算（或按生产厂家要求）：$\Delta P=\pm10\% \ P_k$；$P_g=55\% \ P_k$；$P_m=60\% \ P_k$。

3.2.2.7　压力释放阀性能检测流程

压力释放阀性能检测时可参考如图3-12所示的流程进行试验。

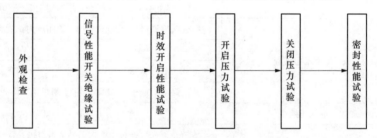

图 3-12　压力释放阀例行试验流程图

说明：

(1) 进行型式试验时，型式试验项目完成后，需要重新进行例行试验，也可根据实际情况增加检测项目。

(2) 开启压力：释放阀的膜盘跳起，变压器油连续排出时膜盘所受的进口静压力。

（3）关闭压力：膜盘重新接触阀座或者开启高度为零时，膜盘所受的进口静压力，即通过密封装置的泄漏停止时的压力。

（4）开启时间：膜盘所受压力大于开启压力时，释放阀没有立即开启，而延长开启的时间。

（5）密封压力：高于关闭压力且低于开启压力的进口压力，当进口压力升到该压力值时，释放阀应可靠密封而不渗漏。

（6）时效开启性能：压力释放阀至少静放 24h 后测试的第一次开启压力值。

3.2.2.8　压力释放阀性能检测数据处理及判定

（1）压力释放阀校验时，参考如图 3-12 所示的压力释放阀试验流程图进行测试。

（2）压力释放阀校验时，首先对其进行外观和信号开关绝缘性能的检查，若出现影响使用性能的外观损伤或绝缘不良现象时，应根据压力释放阀的实际状态进行返厂维修或报废处理。

（3）进行动作特性试验时，压力释放阀的动作特性应符合见表 3-5 中的压力释放阀性能参数要求。

3.3　速动油压继电器

3.3.1　速动油压继电器性能检测的重要性

速动油压继电器是防止变压器爆裂的重要非电量组件，由于变压器通常处于恶劣的环境中，长期恶劣的工作环境以及变压器油的腐蚀作用下，继电器检测、控制用的金属件可能会出现腐蚀、剥落甚至阻塞现象，会造成速动油压继电器的检测精度下降，此时继电器若继续运行，可能会造成误动作、拒动作等情况，起不到应有的保护，因此应定期对速动油压继电器进行检测。

3.3.2　速动油压继电器性能检测

3.3.2.1　速动油压继电器的校验周期

速动油压继电器目前尚未有标准、规范对其校验周期进行明确规定，对于速动油压继电器可参考以下情形开展校验：

（1）速动油压继电器安装前。

（2）变压器大修时。

（3）速动油压继电器出现误动、拒动或检修后等必要时。

3.3.2.2　速动油压继电器性能检测项目

根据 DL/T 1503—2016《变压器用速动油压继电器检验规程》，速动油压继电器的校验项目可按照表 3-5 中检验项目进行。

表 3-5　　　　　　　　　速动油压继电器校验项目

检验项目	安装前试验	例行试验	型式试验
外观检查	√	√	√
绝缘强度试验	√	√	√
密封性试验	√	√	√
真空强度试验			√
动作特性试验	√		√
动作特性功能检查		√	
静压试验	√		√
防水性能试验	√		
抗振动能力试验			√
油压冲击试验			√
触点断开容量试验			√
接触电阻试验			√

注　1. 表中"√"表示应检项目。

2. 正常生产的速动油压继电器应至少每 5 年进行一次型式试验。当遇到下列情况时需要重新进行型式试验:

(1) 新产品试制生产时。

(2) 当设计、工艺、材料的变更足以引起产品性能发生变化时。

(3) 停产期超过六个月再次恢复生产时。

(4) 例行试验结果与前次型式试验结果有较大差异时。

(5) 新产品需要 2 台继电器型式试验,其他情况下,应从同一批次抽取 2%,但不少于 5 台的样品量进行维护。

3.3.2.3　速动油压继电器性能检测方法

(1) 外观检查。外观检查指继电器壳体表面光洁、无油漆脱落、无锈蚀,接线盒密封完好,出线端子标示清楚。铭牌应清晰耐腐蚀,并含有以下内容:

1) 制造单位名称。

2) 产品名称。

3) 产品型号。

4) 质量。

5) 出厂编号。

6) 制造日期。

(2) 绝缘强度试验。

1) 继电器端子间施加 1kV 工频电压,持续 1min。

2）继电器外壳接地，在端子与外壳之间施加 2kV 工频电压，持续 1min。

注意：现场可采用 2500V 绝缘电阻表测试，不带回路的绝缘电阻不小于 200MΩ。

（3）密封性试验。密封性试验指速动油压继电器应经 100kPa 油压或气压试验，持续时间为 60min，应无渗漏和永久性变形。

（4）动作特性试验。动作特性试验指将继电器安装到检验装置上，检验装置对继电器按规定的压力上升速度加压，在压力上升瞬时检验装置启动计时，检验装置接收到继电器动作信号停止计时，此时间间隔即为继电器的动作时间。检验装置对继电器个测试点逐点试验。

注意：

1）压力上升速度。压力上升速度指单位时间内压力上升的数值，单位为 kPa/s。

2）动作时间：动作时间指继电器在一定压力上升速度下加压，从升压起始至继电器动作的时间间隔，为继电器动作时间，单位为 s。

（5）静压试验：静压试验指对具有静压信号输出的继电器应进行静压试验，静压动作值与静压整定值之间的差值不大于 10kPa。

测试前将继电器安装到检验装置上，检验装置对继电器以小于 4kPa/s 速度加压，检验装置接收到静压信号动作时，记录检验装置压力值，即为继电器的静压动作值。

（6）动作特性功能检查。动作特性功能检查指现场用气泵快速给继电器内部加压，用万用表测试触点应能正常动作。

（7）防水性能试验。其防水性能试验满足 IP55 等级的速动油压继电器。

（8）抗振动能力试验。抗振动能力试验指将继电器充以清洁的变压器油，在跳闸触点上接以指示装置；然后装在振动台上，做正弦波的振动试验，频率为 4～20Hz（正弦波）、加速度为 2～4g 时，在 X、Y、Z 轴三个方向各试 1min，以指示装置不发出信号为合格。

注意：以继电器所连接的管子轴线方向为 X 轴，在同一水平面上和 X 轴垂直为 Y 轴，与 XY 平面垂直的轴为 Z 轴。

（9）油压冲击试验。油压冲击试验指以 500kPa/s 的速率对继电器施加压力至 200kPa，冲击试验五次，零部件应无机械变形，冲击后重新测试继电器动作值，应符合速动油压继电器动作特性的要求。

（10）触点断开容量试验。触点断开容量试验是按触点断开容量试验要求中规定的条件（见表 3-6），将触点的端子接到回路中，触点能可靠开、闭，触点断开容量试验后触点表面应无烧蚀现象。

表 3-6　　　　　　触点容量断开试验要求

电源类别	负载	工作电压（V）	工作电流（A）	说明
直流	电阻性	220.110	0.25、0.5	时间常数
	电感性	220.110	0.25、0.5	$S \leqslant 5 \times 10^{-3}$ s
交流	电阻性	220.110	3	功率因数
	电感性	220.110	3	$\cos\varphi \leqslant 0.6$

（11）接触电阻试验。接触电阻试验是指触点断开容量试验前后，分别测量继电器触点间电阻，两次测量值无明显变化，且均小于 0.15Ω。

3.3.2.4　速动油压继电器性能检测对校验设备的要求

（1）校验装置的动作特性试验应采用清洁气体或变压器油作为介质。

（2）检验装置的压力检测范围：0～250kPa。

（3）检验装置的压力上升速度范围：0～500kPa/s。

（4）检验装置的密封性能试验参数：0～100kPa。

（5）检验装置压力准确度等级不低于 1.5 级。

（6）检验装置时间测试准确度不大于 1.5%。

（7）检验装置压力上升速度不大于 2.5%。

其仪器和设备要求：

（1）绝缘电阻表（兆欧表）：输出电压为 2500V，最大输出电流不低于 1mA。

（2）耐压测试仪：频率为 50Hz，输出电压不低于 2kV。

（3）振动台：频率范围 1～100Hz，最大加速度不低于 5g（加速度可任意调节）。

（4）气泵：最大输出压力不低于 250kPa，最大流量不低于 10L/min。

3.3.2.5　速动油压继电器性能检测对环境条件的要求

（1）校验环境温度：0～40℃。

（2）环境湿度不大于 75%。

3.3.2.6　速动油压继电器性能检测流程

速动油压继电器进行安装前校验，其校验流程可以参考如图 3-13 所示的测试流程进行校验。

3.3.2.7　速动油压继电器性能检测数据处理及判定

（1）速动油压继电器校验前应进行外观检查，不得出现影响使用性能的外观损伤，否则继电器应做不合格品判定处理。

（2）速动油压继电器动作特性试验采用逐点校验的方式进行测试，国产继电器动作响应时间应符合表 3-7 的规定。

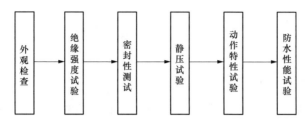

图 3-13 速动油压继电器安装前试验流程图

注：对具有静压功能的速动油压继电器，静压功能需要测试。

表 3-7 速动油压继电器动作特性检验点及要求

压力上升速度（kPa/s）	动作时间（s）	压力上升速度（kPa/s）	动作时间（s）
2	17.2～∞	50	0.4～0.6
4	6.3～13	100	0.2～0.3
5	4.9～8	200	0.1～0.15
10	2～3.3	500	0.044～0.06
20	1～1.6	—	—

（3）对于进口速动油压继电器，其出厂时遵循属地标准规范，如 Qualitrol 900 系列速动油压继电器，动作特性见表 3-8。

表 3-8 Qualitrol 900 速动油压继电器动作特性试验数据

压力上升速度		900 型动作时间（s）	标准要求动作时间（s）
kPa/s	Psi/s		
2	0.29	11.5～∞	17.2～∞
4	0.58	4.2～∞	6.3～13
5	0.73	3～30	4.9～8
10	1.45	1.4～3.0	2～3.3
20	2.90	0.65～1.30	1～1.6
50	7.25	0.28～0.34	0.4～0.6
100	14.50	0.14～0.23	0.2～0.3
200	29.01	0.072～0.12	0.1～0.15
500	72.52	0.032～0.049	0.044～0.06

从表 3-8 中的数据可知，在进行相同速率测试下，Qualitrol 900 型速动油压继电器相较于国内标准，其动作时间偏小。

3.4　变压器用温控器

3.4.1　温控器性能检测的重要性

变压器用温控器是变压器检测温度变化的重要元件，用于测量变压器油面、线圈绕组或者内部某一位置的温度，并可根据此温度值控制相应的冷却装置、报警装置，甚至发出跳闸信号。主变压器温控器依据变压器的温度变化情况实时进行变压器冷却、报警及跳闸控制，其性能好坏直接影响到变压器的运行安全。现有主变压器温控器的启动制冷控制信号接点相对工作稳定，但关闭冷却系统接点、报警接点及跳闸接点因不常动作，常出现动作不灵活、接点接触不良甚至温度漂移等现象。当变压器温度变化时，常会导致主变压器温控器误动作，失去了主变压器温控器的保护意义，易导致重大电力事故。

为了确保主变压器温控器准确、安全、可靠、有效地发挥作用，应定期对变压器温控器进行校验。

3.4.2　温控器实验室性能检测

3.4.2.1　温控器性能检测周期

变压器用温控器目前尚未有规范对其校验周期进行明确规定，对于变压器用温控器，可参考以下情形开展校验：

（1）变压器用温控器安装前。

（2）检验周期一般不超过 6 年。

（3）变压器大修时。

（4）变压器用温控器出现误动、拒动、检修等必要时。

3.4.2.2　温控器性能检测项目

根据 JB/T 8450—2016《变压器用绕组温控器》、JB/T 6302—2016《变压器用油面温控器》规定，温控器校验项目基本一致，绕组温控器的校验相对于油面温控多了热模拟特性试验，以绕组温控器为例其校验项目如下：

（1）例行试验。例行试验是对每一台温控器所必须进行的试验。例行试验项目如下：

1）外观检查。

2）示值误差测量。

3）示值回差测量。

4）示值重复性测量。

5）环境温度影响量快速测量。

6）接点动作误差试验和切换量测量。

7）绝缘电阻试验。

8）绝缘强度试验。

9）热模拟特性试验（绕组温控器需要校验，油面温控器无需进行）。

（2）型式试验。型式试验是验证按同一技术规范制造的温控器能够满足除例行试验外所规定的要求，型式试验项目还包括：

1）环境温度影响量完整测量。

2）过范围试验。

3）稳定性试验。

4）外壳防护性能试验。

5）高温、低温和连续冲击试验。

6）耐振性试验。

7）湿热试验。

8）干热试验。

9）热模拟时间常数测量。

注意：1）温控器在经受型式试验之后，应经受规定的全部例行试验。除热模拟试验外，油面温控器校验与绕组温控器校验一致。

2）正常生产的产品应至少每三年进行一次型式试验。另外，当遇到下列情况之一时，产品需重新进行型式试验：

a. 新产品试制生产。

b. 设计、工艺、材料的变更足以引起产品性能变化。

c. 停产超过六个月后又恢复生产。

（3）例行试验结果与前次型式试验结果有较大差异。

3.4.2.3　温控器性能检测方法

（1）外观检查。采用目测方法对温控器外观质量进行检查，应符合：

1）温控器表面玻璃或其他透明材料应保持光洁透明，无妨碍正确读数的缺陷。

2）温控器各零部件的保护层应牢固、均匀和清洁，无锈蚀和脱落现象。

3）温控器示值刻度盘分度值不应大于2℃。

4）温控器刻度盘上的刻度、数字和其他标志应完整、清晰、准确；指针应深入标尺最短分度线的1/4～3/4范围内，其指针尖端宽度不应超过标尺最短分度线宽度。

5）温控器的指针与刻度盘平面间的距离应在1～3mm的范围内。

6）温控器应能在户外条件下正常工作，其外壳防护等级为IP55，温包和毛细管应具有保护层被覆。

(2) 示值误差测量。

1) 温控器的测量点不得少于 4 个，应均匀分布在测量范围内的主分度线上（应包括测量上限和测量下限在内），对于使用中的温控器也可根据需要增加使用点的测量。

2) 采用比较法测量，控制恒温油槽中的温度不得偏离测量点±0.5℃（以标准温度计为准），当恒温槽中的温度达到设定温度后，将被测温控器温包和标准温度计插入恒温槽中，示值稳定一段时间后（一般不少于 10min），同时读取被测温控器、远传信号和标准温度计的示值。

3) 由测量下限开始向测量上限方向逐点进行测量。测量时，除被测温控器的上限和下限两测量点只进行单程测量外，其他各测量点按正、反行程各进行一次测量。被测温控器的示值误差按式（3-3）计算，被测温控器远传信号装置的示值误差按式（3-4）计算，被测温控器与远传信号装置的示值的偏差值按式（3-5）计算。

$$T_W = T_S - (T_B + T_X) \qquad (3\text{-}3)$$

$$T_Y = T'_S - (T_B + T_X) \qquad (3\text{-}4)$$

$$\Delta T = |T_W - T_Y| \qquad (3\text{-}5)$$

式中 T_W——被测温控器的示值误差，℃；

T_S——被测温控器示值，℃；

T_B——标准温度计示值，℃；

T_X——标准温度计的修正值，℃；

$(T_B + T_X)$——恒温槽中的实际温度，℃；

T_Y——被测温控器远传信号装置的示值误差，℃；

T'_S——被测温控器远传信号装置输出量所转换成的温度值，℃；

ΔT——被测温控器与远传信号装置的示值的偏差值，℃。

进行示值误差测量，测量结果符合以下要求：

1) 在正常使用条件下及测量范围内，温控器的允许误差为准确度等级对应的百分数与其量程之积。

2) 温控器的示值误差不应超出允许误差。

3) 远传信号装置的示值（即温控器所带远传信号装置所输出的量值换算成温度值或温度显示器示值）误差不应超出允许误差。

4) 温控器示值与远传信号装置示值的差值不应大于允许误差绝对值的 1/2。

(3) 示值回差测量。示值回差与示值误差测量同时进行。当温控器被测点达到测量上限时，再使温度均匀下降（或将温包移至另一个恒温槽中），按原测量点进行反行程测量，同一测量点正、反行程的示值差值的绝对值即为该测量点的示值回差，所有测量点的示值回差均符合以下要求：

1）在测量范围内，温控器示值回差不应大于允许误差的绝对值。

2）远传信号装置的示值回差不应大于允许误差绝对值的 1/2。

（4）示值重复性测量。示值重复性测量是对被测温控器的各测量点按同行程（正行程或反行程）至少进行 3 次示值误差测量，同一测量点同行程 3 次示值误差的最大差值即为该测量点的示值重复性，所有测量点的示值重复性均符合以下规定：

1）温控器示值的重复性不应大于允许误差绝对值的 1/2。

2）远传信号装置的示值重复性不应大于允许误差绝对值的 1/3。

（5）环境温度影响量快速测量。环境温度影响量快速测量是将温控器的温包插入 (100 ± 0.5)℃恒温槽中，待示值稳定后读取温控器示值及试验室环境温度；然后将温控器的毛细管部分放入 (60 ± 0.5)℃的恒温水槽中，并至少保持 20min 后再次读取温控器示值及恒温水槽温度，被测温控器环境温度影响量按式（3-6）计算，测量示值变化不应大于测量范围的 0.05/℃。

$$\Delta T_{\mathrm{H}}=\frac{(T_{\mathrm{WH}}-T_{\mathrm{WC}})\times100\%}{(T_{\mathrm{H}}-T_0)(t_{\mathrm{h}}-t_{\mathrm{c}})} \tag{3-6}$$

式中　ΔT_{H}——被测温控器的环境温度影响量，%/℃；

　　　T_{WH}——被测温控器毛细管在高温状态下的示值误差，℃；

　　　T_{WC}——被测温控器毛细管在常温状态下的示值误差，℃；

　　　T_{H}——被测温控器的测量温度上限，℃；

　　　T_0——被测温控器的测量温度下限，℃；

　　　t_{h}——毛细管高温温度值，℃；

　　　t_{c}——毛细管常温温度值，℃。

（6）接点动作误差试验和切换差测量。接点动作误差试验和切换差测量的步骤如下：

1）将温控器控制开关按顺时针方向设定在接点设定的测量点上，并将开关输出信号接入信号电路中（电流应大于 100mA）。

2）确认每一个被检开关都处于正常工作状态。

3）将被测量温控器温包和标准温度计插入稳定在低（或高）于（一般不少于 10℃）设定点温度的恒温槽中，直到温控器示值稳定（一般不少于 10min）。

4）均匀改变恒温槽温度（温度变化速率应为 0.8～1℃/min），使接点产生闭合或断开的切换动作（信号电路接通或断开）；在动作瞬间，读取的标准温度计示值，即为该开关的上切换值（正行程）或下切换值（反行程）。

在同一测量点上，上切换值与设定点的差值，即为接点动作误差；上切换值与下切换值的差值，即为接点切换差。接点动作误差和切换差在各测量点上就接点闭合和断开各试验一次，其测量结果均应符合以下要求：

1) 温控器控制开关的接点动作误差不应超出允许误差的 1.5 倍。

2) 示值的测试点不得与开关接点动作设定的标准点重叠，其间距不应小于 6℃。

3) 温控器控制开关的接点切换差为（5±3）℃（即 2～8℃）。

（7）绝缘电阻试验。绝缘电阻试验是测量温控器开关的接点（短接所有开关的输出端子）与接地端子之间；温控器开关的动合触点之间（分别短接所有动合开关两个输出端子）；温控器远传信号装置输出端子（短接所有远传信号输出端子）与接地端子之间的绝缘电阻，绝缘电阻应符合以下要求：

1) 在环境温度为 15～35℃、相对湿度不大于 75％时，温控器开关输出端子与接地端子之间的绝缘电阻不应小于 20MΩ。

2) 在环境温度为 15～35℃、相对湿度不大于 75％时，温控器动合开关输出端子之间的绝缘电阻不应小于 20MΩ。

3) 在环境温度为 15～35℃、相对湿度不大于 75％时，温控器远传信号装置所有信号接线端子与接地端子之间的绝缘电阻不应小于 20MΩ。

（8）绝缘强度试验。绝缘强度试验应在高压侧电源容量不小于 2500VA 的试验装置上进行，试验步骤如下：

1) 在环境温度为 15～35℃、相对湿度不大于 75％时，温控器开关的接点与接地端子之间应能承受 50Hz/2000V（方均根值）的正弦交流电压，历时 1min，应无闪络现象，且漏电流不大于 10mA。

2) 在环境温度为 15～35℃、相对湿度不大于 75％时，温控器远传信号装置的温度变送器输入输出端子与接地端子之间应能承受 50Hz/500V（方均根值）的正弦交流电压，历时 1min，应无闪络现象，且漏电流不大于 10mA。

3) 在环境温度为 15～35℃、相对湿度不大于 75％时，温控器远传信号装置的温度变送器电源端子与接地端子之间应能承受 50Hz/1500V（方均根值）的正弦交流电压，历时 1min，应无闪络现象，且漏电流不大于 10mA。

4) 在环境温度为 15～35℃、相对湿度不大于 75％时，热模拟装置的输入端子与接地端子之间应能承受 50Hz/2000V（方均根值）的正弦交流电压，历时 1min，应无闪络现象，且漏电流不大于 10mA。

（9）热模拟将性试验。

1) 将温控器温包插入固定在恒温槽中的温度计座中，确保温控器温包浸没深度不小于 150mm，将恒温槽温度控制在（80±1）℃，并稳定 15min。

2）如图 3-14 所示连接试验电路，按温控器操作说明进行调整，使热模拟装置适用于 5A 输入。

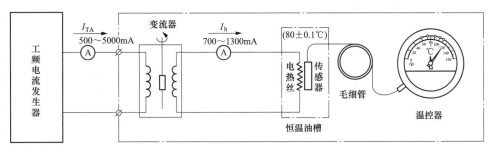

图 3-14　热模拟试验电路图

3）调整工频电流发生器，使得输入电流 I_{TA} 为 5A。

4）按温控器操作说明进行调整，使得加热电流 I_h 为 740mA。

5）待稳定 45min 后读取温控器示值、远传信号装置示值、恒温槽实际温度及加热电流 I_h。

6）被测温控器的示值温升误差按式（3-7）计算，被测温控器远传信号装置的示值温升误差按式（3-8）计算，被测温控器与远传信号装置的示值温升的偏差值按式（3-9）计算。

$$\Delta T_W = T_S - (T_B + T_X) - \Delta T_{Ih} \tag{3-7}$$

$$\Delta T_Y = T'_S - (T_B + T_X) - \Delta T_{Ih} \tag{3-8}$$

$$\Delta T = | \Delta T_W - \Delta T_Y | \tag{3-9}$$

式中　ΔT_W——被测温控器的示值温升误差，℃；

　　　T_S——被测温控器示值，℃；

　　　T_B——标准温度计示值，℃；

　　　T_X——标准温度计的修正值，℃；

　　　ΔT_{Ih}——根据加热电流 I_h，从表 3-14 查得的热模拟温升值，K；

　　　ΔT_Y——被测温控器远传信号装置的示值温升误差，℃；

　　　T'_S——被测温控器远传信号装置输出量所转换成的温度值，℃。

7）重复进行测量步骤，分别将加热电流 I_h 调整为 1040mA 和 1440mA，所有的试验结果均应符合以下要求：

热模拟装置输入 0.5～5.0A 的附加电流时，所产生的附加温升符合表 3-9 的规定。

（10）环境温度影响量完整测量。环境温度影响量完整测量是将温控器的表头和毛细管放入温度稳定在规定的工作环境温度的上限（或下限）的恒温箱中，

表 3-9　　　　　　　　　　　热模拟特性—温升与电流对应表

加热电流 I_H(mA)	热模拟温升 ΔT_{th}(K)
740	10
800	12
860	14
920	16
980	18
1040	20
1090	22
1140	24
1190	26
1240	28
1280	30
1320	32
1360	34
1400	36
1440	38

注　1. 若查找其他温升值对应的电流，可采用插值法进行计算。
　　2. 温控器的示值温升误差不应超出允许误差；远传信号装置的示值温升误差不应超出允许误差；
　　温控器示值与远传信号装置示值的差值不应超出允许误差。

并至少保持 2h 后，按示值误差测量方法进行示值误差测量。测量时温控器表头和毛细管应放置在恒温箱中，测量点不少于 3 个（测量范围上限、下限及中间值），被测温控器环境温度影响按式（3-6）计算，并符合要求。

（11）过范围试验。过范围试验是指温控器应能量承受历时 15min 的过范围试验，其过范围限值 T_G 应符合式（3-10）的规定。

$$T_0 - (T_H - T_0) \times 10\% \leqslant T_G \leqslant T_H + (T_H - T_0) \times 100\% \qquad (3\text{-}10)$$

式中　T_0——测量温度下限，℃；

　　　T_H——测量温度上限，℃。

将温控器的温包分别置于温度为上述规定的过范围上、下限温度的恒温槽中，各保持 15min；然后进行示值误差、示值回差、接点动作误差和切换差的测量，其测量结果应符合要求。

（12）稳定性试验。稳定性试验首先要求温控器承受测量上限温度 24h，然后在温包处于交变（每一个变化周期不得超过 24h）的温度量大于 2/3 量程温度，且出现大于 2/3 量程温度的时间不少于 12h 的情况下继续工作 1000h；然后进行示值误差、示值回差、环境温度影响、接点动作误差和切换差的测量，其测量结果应符要求。

（13）外壳防护性能试验。温控器应进行外壳防护性能试验，试验按 GB 4208《外壳防护等级（IP 代码）》的规定进行，应符合本标准中 IP55 的外壳防护等级要求。

（14）高温、低温和连续冲击试验。高温、低温和连续冲击试验是将温控器在简易包装条件下放进高温箱中，在（55±2）℃的温度区间保持 8h，然后放在检验条件下至少 24h，测量温控器的示值误差、示值回差、接点动作误差和切换差；之后，再将温控器放入低温箱中，在温度为（−40±2）℃时重复上述试验。

将温控器按运输要求装入运输包装中，再将包装箱直接（或通过过渡结构）用缚带紧固在连续冲击台上（过渡结构应有足够刚度，以免引起谐振），然后使包装箱承受以下条件的试验：

脉冲波形：近似半正弦波；

加速度：$100m/s^2 \pm 10m/s^2$；

脉冲持续时间：$11m/s^2 \pm 2m/s^2$；

脉冲重复频率：60 次/min～100 次/min；

连续冲击次数：1000 次±10 次。

将温控器从包装箱中取出，仔细检查温控器有无损坏。

试验后温控器的示值误差、示值回差、接点动作误差及切换差应符合规定。

（15）耐振性试验。耐振性试验是将温控器固定在振动台上并处于正常安装状态，测试传感器安装在温控器的固定版上，以温控器正常安装时的上下方向定位振动试验的上下方向，振动的频率为 100Hz，振幅为 0.2mm，振动试验机的振动波形为正弦波；在上下、左右、前后三个方向分别进行测量，指针摆动幅度不大于 2℃。试验以后温控器的示值误差和示值回差应符合要求。

（16）湿热试验。湿热试验是指温控器应先在相应检验条件下测量其示值误差和示值回差；然后将温控器放进湿热试验箱内，使试验箱的温度为（53±2）℃、相对湿度为 90%～96%RH，保持 48h 后将温控器从试验箱中取出，在 10min 内移到环境温度为 15～35℃、相对湿度为 45%～75% 的条件下，在 30min 内完成温控器的绝缘电阻和绝缘强度试验，温控器的绝缘电阻不应小于 2MΩ。

绝缘强度试验时，温控器开关的接点与接地端子之间施加的电压、温控器远传信号装置温度变送器电源端子与接地端子之间施加的电压和热模拟装置输入端子与接地端子之间施加的电压均为 1500V，温控器远传信号装置温度变送器输入输出端子与接地端子之间施加的电压为 500V。

再将温控器移至相应检验条件下放置不少于 24h，检查其外观应符合要求，并重新测量其示值误差、示值回差、接点动作误量和切换差，校验结果应在允许误差范围内。

（17）干热试验。干热试验是将温控器放进干热试验箱内，使试验箱的温度为（70±2）℃、相对湿度不大于50%，保持16h后将温控器从试验箱中取出，移至相应检验条件下放置不少于24h，检查其外观，应符合外观检查的要求；并重新测量其示值误差、示值回差、接点动作误差和切换差应符合要求。

（18）热模拟时间常数测量。热模拟时间常数测量可与热模拟特性试验同时进行，分别在加热9min和45min时读取温控器示值、远传信号装置示值、恒温槽实际温度，按式（3-11）～式（3-13）进行计算。

$$\Delta T_{W9} = T_{S9} - (T_B + T_X) \tag{3-11}$$

$$\Delta T_{W45} = T_{S45} - (T_B + T_X) \tag{3-12}$$

$$t = \Delta T_{W9} / \Delta T_{W45} \times 100\% \tag{3-13}$$

式中　ΔT_{W9}——被测温控器加热9min后的示值温升值，℃；

　　　T_{S9}——被测温控器加热9min后的示值，℃；

　　　T_B——标准温度计的示值，℃；

　　　T_X——标准温度计的修正值，℃；

　　　ΔT_{W45}——被测温控器加热45min后的示值温升值，℃；

　　　T_{S45}——被测温控器加热45min后的示值，℃；

　　　t——被测温控器的热模拟时间常数的比值。

通过计算出的比值应大于63.2%（即热模拟时间常数不大于9min）。

3.4.2.4　温控器性能检测对校验设备的要求

校验设备的技术参数见表3-10。

表 3-10　　　　　　　　　　　设备技术参数表

名称	测量范围	主要技术参数	
恒温槽 （液体介质）	−20～20℃	温度均匀性小于 或等于0.2℃	温度波动性小于 或等于0.2℃/10min
	室温～95℃		
	40～200℃		
直流电流表	0～30mA	准确度等级不低于0.05级	
电测仪器（可测电阻的数字多用表或电桥）	与被测范围相适应	保证标准温度计和被检热电阻的分辨力换算成温度后不大于0.01℃，分辨力不大于1mΩ	
读数放大镜	—	放大倍数为5～10倍	
工频交流恒流源	0～5A	准确度等级不低于0.5级，功率大于60VA	
电流表	0～5A	准确度等级为0.5级	
电流表	0～2A	准确度等级为0.5级	

3.4.2.5　温控器性能检测对环境条件的要求

（1）环境条件。温控器检验的环境条件应满足以下要求：

1）环境温度为 15～35℃。

2）相对湿度不大于 85%RH。

（2）其他校验要求：

1）温控器的表头应垂直正确安装；温控器远传信号装置（包括所有相关配件）按要求接线，并接入检测设备中。

2）温包应插入恒温槽的油液（或水）中，并确保浸没线低于液面，深度不小于 150mm。

3）示值的测试点不应与开关设定点重叠，两者的间距不应小于 6℃。

4）温控器在环境温度为（20±5）℃的条件下，静放至少 4h 方可试验。

5）毛细管弯曲半径不应小于 50mm，且毛细管不应以 S 形迂回放置。

3.4.2.6　温控器性能检测流程

温控器的性能检测可以参考如图 3-15 所示测试流程进行（以绕组温控器为例）。

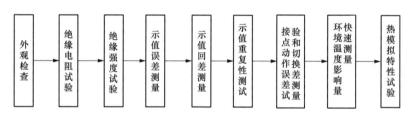

图 3-15　绕组温控器例行试验校验流程

（1）示值回差。示值回差是在相同的测量条件下，被测量值不变，测量设备在正反行程测量时，两示值之差的绝对值。

（2）示值重复性。示值重复性是在相同的测量条件下，在全量程范围内，从同方向对同一个被测量值进行多次连续测量所获得的随机误差。

（3）切换差。切换差是在相同的测量条件下，对同一设定点，开关在正反行程动作值之差的绝对值。

（4）时间常数。时间常数是当被测温度发生阶跃变化时，温控器的显示或输出信号由初始值上升（或下降）到终止值的变化量的 63.2% 所需要的时间（阶跃幅度大于量程的 50%）。

（5）示值误差。示值误差是在正常使用条件下及测量范围内，温控器的允许误差为准确度等级对应的百分数与其量程之积。

（6）环境温度影响。环境温度影响是当温控器从（20±2）℃变化到－40～

50℃间的任意正常环境温度时，温控器的示值变化不应大于测量范围的 0.05％/℃。

3.4.3　温控器现场性能检测

现场校准是在油浸式变压器（电抗器）油箱上方采用便携式恒温油槽，对温控器有效范围起始点、中间点、终止点上实施校准。DL/T 1400—2015《油浸式变压器测温装置现场校准规范》规定了 110kV 及以上电压等级油浸式变压器（电抗器）测温装置现场校准的技术要求、校验数据的处理。

油面及绕组温控器的现场校准项目包括外观检查、绝缘电阻测量、示值误差校准、两表偏差校准、环境温度变化影响量校准和热模拟温升试验校准。

3.4.3.1　温控器现场性能检测对校验设备的要求

（1）主要标准器。测量装置的主要标准器是标准温度计，其测量范围为 0～200℃。也可用不低于同等的标准器代替。

（2）配套设备。温控器现场校准配套设备，其技术性能指标应符合表 3-11 的规定。

表 3-11　　　　　　　　　　现场校准配套设备技术性能

名称	测量范围	主要技术参数		
便携式恒温油槽ᵃ工作区域（φ30X160mm）	20～160℃	水平温差小于或等于 0.2℃	最大温差小于或等于 0.2℃	温度波动度小于或等于 0.2℃
开关定值试验油槽	40～130℃	升温速率ᵇ0.8～1.0℃/min		
绝缘电阻表	500V	准确度等级：5.0 级		
数字万用表	交流电流：3A；交流电压：1000V	准确度等级：0.5 级		
直流毫安表	0～24mA	准确度等级：0.05 级		
工频电流发生器	500～5000mA	—		

ᵃ　便携式恒温油槽和开关定值试验油槽中用的介质应符合其说明书要求。

ᵇ　开关定值试验油槽在 40℃的波动度应小于 0.2℃。

3.4.3.2　温控器现场性能检测对校验条件的要求

（1）环境条件。温控器检验的环境条件应满足以下要求：

1）环境温度为 10～35℃。

2）相对湿度不大于 85％RH。

3）所用标准器和电测设备工作的环境条件应符合其相应规定的条件。

（2）其他校验要求。

1）温控器的表头应垂直正确安装；温控器远传信号装置（包括所有相关配件）按要求接线，并接入检测设备中。

2）温包应插入恒温槽的油液（或水）中，并确保浸没线低于液面，深度不小于 150mm。

3）示值的测试点不应与开关设定点重叠，两者的间距不应小于 6℃。

4）温控器在环境温度为（20±5℃）的条件下，静放至少 4h 方可试验。

5）毛细管弯曲半径不应小于 50mm，且毛细管不应以 S 型迂回放置。

3.4.3.3　温控器现场性能检测方法

（1）外观检查。外观检查是目测观察温控器，外观应符合相关要求，可参考外观检查要求进行。

（2）绝缘电阻。绝缘电阻是在环境条件下，用额定直流电压为 500V 的绝缘电阻表分别测量温控装置中指针温度计开关动合输出端子之间，以及输出（不包括远方电流信号）端子与接地端子之间的绝缘电阻不小于 20MΩ。

（3）示值误差。测温装置示值误差包括指针温度计示值误差和远方显示示值误差，按 3-12 中的规定选取示值误差校准点。

表 3-12   示值较准点的选取

类型	测量范围	示值校准点
油面测温装置	−20～140	20（40）、60、100
绕组测温装置	0～160	40.80、120

注　现场环境温度高于 20℃时，可以选择 40℃校准点替代测量范围起始点。

采用直接比较法对测温装置进行校准，将被校测温装置的温度传感器插入温场稳定的便携式恒温油槽中，温度传感器插入液面深度不小于 150mm；控制便携式恒温油槽的温度在正行程上分别至各校准点，待示值稳定 15min 后同时读取指针温度计示值、标准温度计示值、远方显示示值，并记录下来。

指针温度计示值误差按式（3-14）计算，远方显示示值误差按式（3-15）计算，结果都应满足示值误差的最大允许误差要求。

$$y_1 = t_1 - (t_1' + t_d) \tag{3-14}$$

式中　y_1——被校指针温度计示值误差，℃；

　　　　t_2——被校指针温度计示值，℃；

　　　　t_1'——标准温度计示值，℃；

　　　　t_d——标准温度计示值修正值，℃。

当使用的校准装置的扩展不确定度（包含因子 $k=2$）小于被校测温装置示

值允许误差的 1/4 时，可忽略，℃；

$$y_2 = t_2 - (t_1' + t_d) \tag{3-15}$$

式中　y_2——被校远方显示示值误差，℃；

　　　t_2——被校远方温度表示值，℃；

　　　t_1'——标准温度计示值，℃；

　　　t_d——标准温度计示值修正值，℃。

当使用的校准装置的扩展不确定度（$k=2$）小于校测温装置示值允许误差的 1/4 时，可忽略，℃；

（4）两表偏差。两表偏差与校准测温装置示值误差同步进行，两表偏差按式（3-16）计算，以指针温度计为基准，在规定的校准点上的两表偏差不应大于±0.5℃。

在指针温度计的示值误差满足要求，而两表偏差不满足要求时，可按照以下步骤进行调整：

根据示值基本误差中的记录，调整远方温度显示装置各校准点的输出，使远方示值与指针示值相等；

待示值稳定后分别读取并记录指针温度计示值和远方显示示值；

按照示值基本误差、两表偏差要求重新进行一次完整的复核校准直至符合要求。

$$y_3 = y_2 - y_1 \tag{3-16}$$

式中　y_3——两表偏差，℃；

　　　y_2——被校远方显示示值误差，℃；

　　　y_1——被校指针温度计示值误差，℃。

（5）接点动作误差。接点动作误差校准按照以下步骤进行：

指针温度计接点动作误差校准以"整定单"或出厂设定值要求确定报警温度点。

将被校温度传感器及标准温度计同时插入开关定值试验油槽中，温度传感器插入液面深度不小于 150mm；在接近设定点时，控制开关定值试验油槽按照 0.8～1.0℃/min 的升温速率缓慢上升调整温度，使接点产生上行程切换动，并在上行程动作瞬间（试验电流应大于 100mA）读取标准温度计示值。

接点动作误差应满足接点动作误差的要求，见表 3-13。

表 3-13　　　　　　　　指针温度计上行程接点动作误差

类型	测量范围内动作误差	接点容量	升温速率
油面温控器	±3.6℃	AC250/10A	0.8～1.0℃/min
绕组温控器	±3.6℃	AC250/10A	0.8～1.0℃/min

$$y_4 = (t_4' + t_d) - t_4 \tag{3-17}$$

式中　y_4——接点动作误差；

　　　t_4——被校温度计设定值；

　　　t_4'——被校温度计接点动作瞬间标准温度计示值；

　　　t_d——标准温度计示值修正值，当使用的校准装置的扩展不确定度（包含
　　　　　因子 $k=2$）小于被校测温装置示值允许误差的 1/4 时，可忽略。

（6）环境温度变化影响量。在测温装置日常运行中采用朝夕巡视法得到的两
表偏差变化量大于 5℃时，可采用环境温度变化影响量的快速鉴定法确认测温装
置受环境温度变化的影响。

拆下测温装置，将测温装置的温度传感器插入 100℃便携式恒温油槽，待温
度计示值稳定后记录示值 B，并记录此时的现场环境温度 t；再将该试品毛细管
放入 60℃恒温水箱中保持 10min 后记录示值 B'。

温控器的环境温度影响变化量应优于 0.05%/℃。

当指针温度计环境温度变化影响噩不满足要求时，应更换合格的指针温度计。

$$H' = (B - B')/(t - 60) \tag{3-18}$$

式中　H'——环境温度影响量，℃/℃；

　　　B——常温环境下的温度计示值，℃；

　　　B'——60℃环境下的温度计示值，℃；

　　　t——现场环境温度，℃

快速鉴定试验示意图如图 3-16 所示。

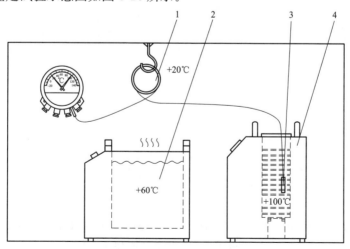

图 3-16　快速鉴定试验示意图

1—毛细管；2—恒温水箱；3—温度传感器；4—便携式恒温油槽

(7) 热模拟特性。热模拟装置所产生的附加温升应符合表 3-11 的规定。对于绕组测温装置生产厂家提供热模拟特性数据的，按厂家数据执行。

热模拟温升试验。热模拟温升试验只有一个试验点，即在基础油温条件下通过改变加热电流进行铜油温差调节的热模拟试验。试验方法如下：

1) 按图 3-17 连接试验线路，将温度传感器浸入恒温油槽中，待绕组温度计示值稳定后，读取校准前温度飞 T_1。

2) 计算出变压器在额定负荷下电流互感器的输出电流 I_{TA}（I_{TA}＝变压器铭牌额定负荷电流/电流。互感器额定变比），施加给绕组温度计电流输入端，待稳定 45min 后读取绕组温度计示值 T_2。

3) T_2 与 T_1 的差值即为绕组热模拟温升，该温升与变压器绕组额定铜油温差的差值即为绕组热模拟温升误差。

4) 绕组温控器的热模拟温升误差不应大于±3.2℃，若不符合要求，需要调节变流器进行校准。

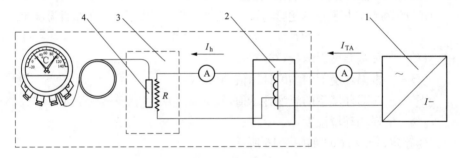

图 3-17　现场热模拟校准接线图

1—工频电流发生器；2—0.5～5A 的独立变流器；3—便携式油槽；4—温度传感器；
R—温控器加热元件；I_h—流经加热元件的电流，700～1300mA；
I_{TA}—变压器额定负荷下电流互感器输出电流，500～5000mA

3.4.3.4　温控器现场性能检测流程

温控器的现场校验流程可参考表 3-14（以绕组温控器为例）。

表 3-14　　　　　　　　　绕组温控器的现场校验流程

序号	校准步骤
1	外观检查应满足： (1) 刻度盘应出现摄氏温标、准确度或最大允许误差、厂名或商标、型号及编号等信息。 (2) 测量范围内示值刻度和开关刻度的最小分度值不应大于 2℃。 (3) 被校油面温度计应提供实验室校准的证书或报告。 (4) 温度计座露出油箱部分的长度不应超过 30mm

序号	校准步骤
2	（1）手动缓慢拨动指针驱动开关动作，使用电流表（试验电流应大于 100mA）确认每一个被检开关经过上述复位调整后都处于正常工作状态。 （2）用 500V 的绝缘电阻表测量指针温度计开关动合输出端子之间，以及输出（不包括远方电流信号）端子与接地端子之间的绝缘电阻，其值不小于 20MΩ
3	（1）采用朝夕巡视法判断环境温度影响量大于 0.8℃/10K（即 3.2℃/40K）时，应在现场对毛细管部件开展快速鉴定。 （2）采用快速鉴定法判断环境温度影响量不应大于 0.8℃/10K
4	（1）校准点与开关的实际间隔应在 6℃ 以上，温度传感器插入液面深度不应小于 150mm。 （2）示值校准点应取标准规定的校准点（如 20、60、100℃）。 （3）将被校温度计的温度传感器与标准温度计同时插入上述 3 台便携式恒温槽中稳定 15min 后，当指针示值误差或远方显示示值误差不应大于 ±2.4℃
5	（1）现场校准两表偏差采用与示值准确度测量相同的方法、设备及温度校准点，调整温度变送器输出使远方示值与指针温度计示值相等。 （2）任一校准点的两表偏差不应大于 ±0.5℃
6	（1）顺时针将开关设定在出厂设定值（相邻开关实际间隔应大于 6℃），将被检温度传感器及标准温度计同时插入开关定值试验油槽内，温度传感器插入液面深度不应小于 150mm。 （2）待定值试油槽及被检温度传感器在 40℃ 稳定后，启动 0.8～1.0℃/min 的升温速率的功能，记录开关上行程动作瞬间（试验电流应大于 100mA）时的标准温度计读数（即上切换值），上切换值与开关设定点之差不大于 ±3.6℃
7	绕组温度计现场校准需要考核温升整定误差，例如变压器制造厂提供某一变压器铜油温差为 20K，则在 80℃ 基础油温条件下通过调整热模拟电流使得指针示值以及远方显示均在（100±3.2）℃ 范围内
8	各项指标全部符合本流程要求时，应贴已校准标识
9	任一项不符合本流程要求时，应立即终止

3.4.4　温控器性能检测数据处理及判定

（1）温控器校验测试过程中，若出现外观检查、示值误差测量、示值回差测量、示值重复性测量、环境温度影响量快速测量、接点动作误差试验和切换量测量、绝缘电阻试验、绝缘强度任何一项不合格时，可以终止试验。

（2）若温控器示值及设定点超出允许误差，经允许后，也可根据温控器的实际情况进行调整，调整后若仍不合格，应视为不合格品进行处理。

（3）校验数据记录应具有全部的校准数据，并按照数值修约结果对计算结果修约到最小分度值的 1/10，以修约后的数据进行判断。

3.4.5　温控器性能参数调整

（1）温控器开关设定的调整。温控器开关设定值可参考如下方法进行调整。鉴于温控器厂家种类较多，以杭州华立 BWR-04(TH) 型绕组温控器为例进行调整说明：

1）首先松开温控器表盘固定螺栓，打开表盖，如图 3-18 所示。

2）松开红色箭头固定的圆头螺钉。

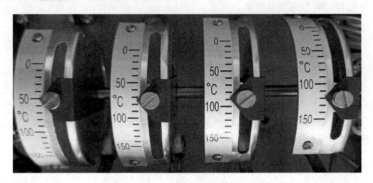

图 3-18　调整开关设定位置

3）在此位置上，转动标度盘使接点指示针尖部指示在所需的设定点上，然后将螺钉旋紧即可。

4）调整后，用手轻轻向下拨动限位板使标度盘转动，转轴的转动方向为顺时针（左侧视之）如图 3-19 所示，使仪表指示针由低位缓慢向温度高位移动，每经一个设定点时，开关接点将闭合，核对温度设定值是否正确，如不正确重复上述步骤，直至校准为止。

图 3-19　开关设定值调整

（2）变流器的整定。变流器出厂前，一般根据电流互感器最大输出电流 5A、变压器绕组对油平均温升 20K，将绕组温控器电热元件的输入电流 I_s 整定在

1.04A。若不满足现场使用需求，在变流器重新整定，整定线路如图 3-20（a）所示；若无恒流源，可以用调压器和电热器代替，如图 3-20（b）所示。

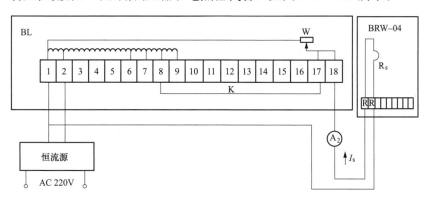

(a)

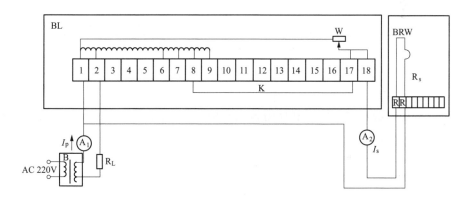

(b)

图 3-20　变流器整定线路示意图

（a）具有恒流源；（b）不具有恒流源

A_1—0.5 级（0-5）A 电流表；A_2—0.5 级（0-2）A 电流表；B—2kVA 调压器；

R_L—1.2～1.5 kW 电热器；R_S—绕组温控器电热元件；K—调整导线

具体整定方法如下：

1）根据变压器额定电力流和电流互感器的变比，可以计算电流互器的输出电流 I_p。

2）查阅变压器使用说明书得出变压器绕组对油平均温升 ΔT，也可以联系变压器制造厂家获取平均温升 ΔT。

温升特性曲线如图 3-21 所示。

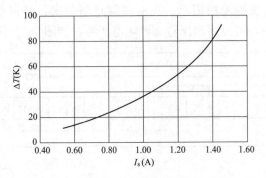

图 3-21　温升特性曲线

3）根据 ΔT 值，查表得出 I_s 值，温升与电流对应关系见表 3-15。

表 3-15　　　　　　　　　　　温升与电流对应关系

$\Delta T(K)$	10	12	14	16	18	20	22	24	26	28	30	32	34	36	38
$I_s(A)$	0.74	0.80	0.86	0.92	0.96	1.04	1.09	1.14	1.19	1.24	1.28	1.32	1.36	1.40	1.44

注　查找其他温升对应的电流，可采用差值法计算，也可参考上图温升曲线。

4）计算 I_s/I_p，然后根据 I_p 和 I_s/I_p 的值，查询变流器技术参数，得出调整导线 k 的接线位置。

5）接通电源，调整调压器使得输入电流 I_p（电流表 A_1 的值）等于互感器的额定输出电流。

6）调整变流器中的变阻器 W，使得 I_s 为所需要的值（电流表 A_2 的值）。

3.5　油　位　计

3.5.1　油位计性能检测的重要性

油位计是用来指示储油柜中油位的装置，通过指示位置来显示油位的高低；当储油柜的油面出现最高或最低位置时，油位计开关自动闭合，发出报警信号。

当变压器油的体积随着油温的变化而变化时，储油柜起油位调节作用，能保证油箱充满油。若油位计出现故障，不能准确地指示储油柜油位变化时，不能起到调节作用，不利于变压器的安全运行，因此进行油位计校验是有必要的。

3.5.2　油位计性能检测

3.5.2.1　油位计性能检测周期

油位计目前尚未有规范对其校验周期进行明确规定，对于变压器用油位计，可参考以下情形开展校验：

（1）油位计安装前。

（2）油位计校验可结合变压器大修或者必要时进行。

3.5.2.2　油位计性能检测项目

根据 JB/T 10692—2018《变压器用油位计》，其变压器用油位计校验项目见表 3-16。

表 3-16　　　　　　　　　　　油位计校验项目

试验项目	例行试验	型式试验
外观质量检查	√	√
压力（气压）密封试验	√	√
绝缘电阻试验	√	√
电气强度试验	√	√
动作特性试验	√	√
压力（油压）密封试验	—	√
真空密封试验	—	√
动作可靠性试验	—	√
外壳防护性能试验	—	√

注　"√"是需要校验的项目。

如果遇到下列情形之一时，则需进行全部型式试验：

（1）新产品或常规产品转厂生产的试制定型鉴定。

（2）常规产品的材料、工艺有较大改变，且可能影响产品性能时。

（3）停产期超过六个月又恢复生产时。

（4）例行试验结果与前次型式试验结果有较大差异时。

（5）上级质量监管部门提出要求时。

3.5.2.3　油位计性能检测方法

（1）外观质量检查。外观质量检查指采用目测方法检查油位计，外观质量符合以下要求：

1）油位计外表应保持清洁完好。

2）油位计的浮子外观表面应光滑，无尖角毛刺。

（2）压力（气压）密封试验。压力（气压）密封试验指将油位计法兰与气压装置连通，当试验压力达到以下规定值时，油位计的壳体油腔部位应无渗漏及变形。

1）除管式以外的油位计应具有能承受 0.2MPa 气压的能力，历时 20min，无渗漏及变形；顶装管式油位计应具有能承受 0.1MPa 气压的能力，历时 20min。

注意：侧装（玻璃）管式油位计对气压密封性能无要求。

2）如浮子采用不锈钢空心结构，则浮子应具有能承受 0.2MPa 气压的能力，历时 10min。

（3）绝缘电阻试验。采用 1000V 的绝缘电阻表测量绝缘电阻，电气接点之间及电气接点与壳体间的绝缘电阻不应小于 300MΩ。

（4）绝缘强度试验。绝缘强度试验指油位计的电气接点之间及电气接点与壳体间应能承受 50Hz、2kV 的正弦交流电压，历时 1min，无击穿或闪络现象。

（5）动作特性试验。

1）指针式油位计。

a. 将油位计安装在专用试验装置上，在信号输出端接入指示装置，油位计指针在最低位置时应发出报警信号，记录对应的油位值。

b. 打开注油阀门，启动油泵，使油位逐渐升高，当指针指示到度盘标示范围时，测量并记录至少四点（包括最低工作温度和最高工作温度点）的油位值。

c. 继续注油，使油位逐渐升高至最高油位时应发出报警信号；然后放油，使其达到规定温度下的油量，记录对应的油位值。

d. 再重复两次上述测量，取三次测量的油位平均值；指针式油位计的传动及转动部位应灵活，无卡滞现象；指示位置应正确，指针在刻度盘上指示的位置与储油柜内的实际油位应相符，其重复指示误差不应超过刻度盘全量程的±2.5%；在油位升高到最高油位或降低到最低油位时，应能可靠地发出报警信号。

2）磁翻板式油位计。

a. 将油位计安装在专用试验装置上，在信号输出端接入指示装置，此时油位在最低位置并应发出报警信号。

b. 打开注油阀门，启动油泵，使油位逐渐升高，当油位达到最低工作温度的油位时，指示器即刻翻转，报警信号切除，测量并记录此时对应的油位值。

c. 继续注油，使油位逐渐升高至最高工作温度的油位，指示器再次翻转，此时应发出报警信号。然后再放油，使其达到规定温度下的油量，测量并记录此时对应的油位值。

d. 重复三次试验，取平均值，磁翻板式油位计指示器应翻转正确、灵敏，且重复指示偏差范围不得超过±2.5mm。

当变压器中油面高于或低于技术条件规定值时，油位计上的信号接点应准确可靠地动作，并输出一对开关量信号。

3）管式油位计。

a. 将油位计安装在专用试验装置上，在信号输出端接入指示装置（如果有），此时油位在最低位置并应发出报警信号。

b. 打开注油阀门，启动油泵，使油位逐渐升高，当浮标脱离最低油位时，测量并记录至少四点（包括最低工作温度和最高工作温度点）的油位值。

c. 继续注油，使浮标逐渐升高至最高油位时应发出报警信号（如果有指示装置）；然后再放油，使其达到规定温度下的油量，记录对应的油位值。

d. 三次试验，取油位平均值，管式油位计的浮标应灵活，无卡滞现象，浮标指标位置与储油柜（或变压器油箱）内的实际油位应相符，重复指示误差不应超过标尺刻度全量程的±2.5%；在油位升高到最高油位或降低到最低油位时，如果带有报警指示装置，应能可靠地发出报警信号。

（6）压力（油压）密封试验。压力（油压）密封试验是将油位计安装在专用试验装置上，入口与装有变压器油的油压装置连通，除管式以外的油位计应具有能承受 0.2MPa 油压（介质为变压器油，温度为 65～75℃）的能力，历时 6h；顶装管式油位计应具有能承受 0.1MPa 油压的能力，历时 6h；侧装（玻璃）管式油位计应能在常压下，历时 2h；当试验压力达到恒定值时，在规定时间内各连接密封处应无渗漏，且油位计无变形。

试验介质可用煤油代替，测试方法相同。

（7）真空密封试验。真空密封试验将油位计入口与真空装置连通，然后进行抽真空试验，真空度不应大于 13Pa，并至少保持 10min，油位计应符合下列规定：

除侧装（玻璃）管式以外的油位计应具有能承受 13Pa 真空度的能力，持续 10min，渗漏率不超过 1.33Pa·L/s，且壳体不得损坏和发生永久变形。

注意：如有特殊要求，由用户与制造方分行协商确定。

（8）动作可靠性试验。动作可靠性试验是用人工操作或其他辅助装置进行，按规定动作 10 000 次（油位计动作次数是以油位计从最低油位到最高油位再回到最低油位为一次）后，油位计的性能应符合以下要求：

1）采用 1000V 的绝缘电阻表测量绝缘电阻，电气接点之间及电气接点与壳体间的绝缘电阻不应小于 300MΩ。

2）油位计的电气接点之间及电气接点与壳体间应能承受 50Hz/2kV 的正弦交流电压，历时 1min，无击穿或闪络现象。

（9）外壳防护性能试验。外壳防护性能试验按 GB/T 4208—2017《外壳防护等级（IP 代码）》的规定进行，试验结果应符合 IP55 的要求。

3.5.2.4　油位计性能检测对校验设备的要求

目前油位计校验设备一般采用定制形式生产，暂无相关标准规范要求，可选用精度较高的设备进行校准。

3.5.2.5　油位计性能检测对试验环境的要求

（1）环境温度为 15～35℃。

（2）相对湿度不大于 75% RH。

3.5.2.6　油位计性能检测流程

油位计进行例行试验时，可以参考如图 3-22 所示的流程进行校验测试。

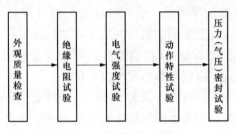

图 3-22　例行试验流程图

3.5.2.7　油位计性能检测数据处理及判定

油位计校验各项目检测结果应该符合 JB/T 10692—2018《变压器用油位计》要求，对于新购油位计，若出现不合格项应根据具体情况进行维修或更换处理。

3.6　变压器冷却器用油流继电器

3.6.1　油流继电器性能检测的重要性

变压器冷却器用油流继电器可以通过监视油流继电器指针偏转情况或油流继电器的信号的导通判定联管内的油流情况，将信号接点引入控制回路中，即可实现远距离监控。

油流继电器在启动时其动板在油流的作用带动转轴转动至工作位置，此时动板若受到不稳定油流冲击动板，指针将向左右方向反复转动；若油流继电器长期在失速条件下工作，油流压力脉动幅值显著变化，使其动板受损；在安装方面若轴系不平衡或连接不好，会导致油流继电器动板振动大、联轴器易损坏情况。

受生产工艺制约，某些油流继电器的动板太薄或铸造材质不纯，动板与传动轴之间的铆钉焊接、装配部分结构设计未充分考虑动载荷，强度安全系数不够；在设备长期运行中由于受到摩擦油流冲击动板振动导致铆钉发生磨损，连接松动，容易发展为动板断裂，造成变压器非计划性停运。

通过对变压器冷却用油流继电器的校验，筛选出不合格的油流继电器，对于提升变压器安全稳定运行，具有重要意义。

3.6.2 油流继电器性能检测

3.6.2.1 油流继电器性能检测周期

油流继电器校准尚无明确周期，可参考以下情形进行校验：

（1）油流继电器安装前或运行交接时。

（2）变压器大修时。

（3）油流继电器出现误动、检修后等必要时。

3.6.2.2 油流继电器性能检测项目

变压器冷却用油流继电器的校验可分为例行试验和型式试验两种，其检验项目见表 3-17。

表 3-17 油位计校验项目

试验项目	例行试验	型式试验
外观检查	√	√
绝缘性能试验	√	√
气压密封性能试验	√	√
动作特性试验	√	√
油压密封性能试验	—	√
真空强度试验	—	√
防护性能试验	—	√
反向流量冲击试验	—	√
过范围试验	—	√
长期稳定性试验	—	√

注 "√"是需要校验的项目。

需要注意的是，继电器在如下情况之一时，应进行型式试验：

（1）新产品试制时。

（2）当结构、材料、工艺变更可能引起某些参数变化时。

3.6.2.3 油流继电器性能检测方法及数据判定

（1）外观检查。

1）继电器底盘玻璃应保持透明，不得有妨碍正确读数的缺陷。

2）继电器的度盘应标明油流的停止和流动状态。

3）继电器及各零件的保护层应牢固、均匀、光洁，不得有锈蚀和脱落。

（2）绝缘性能。绝缘性能指继电器接线端子对地施加额定工频耐受电压 2000V、历时 1min 的绝缘性能试验，应无击穿闪络现象。

（3）动作特性。动作特性指油流继电器在表 3-18 所规定的动作油流量和返回油流量下时，应能可靠地发出信号，其误差为额定流量的±5%。

表 3-18　　　　　　　　　　　　油位计流量要求

管路标称直径（mm）	额定油流量 Q_e（m³/h）	动作油流量 Q_d（m³/h）	返回油流量 Q_f（m³/h）
50	25，30，40，50	$15 \leqslant Q_d \leqslant 0.75Q_e$	$Q_f = 0.75Q_d$
80			
100	60，80，90，100，120，135，150	$40 \leqslant Q_d \leqslant 0.75Q_e$	
125			
150			
200			
250			

注　额定油流量 Q_e 为继电器在设计工况点下的油流量；动作油流量 Q_d 为当油流量逐渐增加时，继电器发出正常信号时的油流量；返回油流量 Q_f 为当油流量逐渐减少时，继电器发出故障信号时的油流量。

（4）气压密封性能试验。气压密封性能试验指油流继电器应能承受 500kPa 气压、历时 20min 的密封性能试验，且无渗漏。

（5）油压密封性能试验。油压密封性能试验指油流继电器应能承受 500kPa 油压（变压器油、保持温度 70℃）、历时 6h 的密封性能试验，且无渗漏。

（6）真空强度试验，真空强度试验指用带有气嘴的法兰盘，将油流继电器安装在专用校验装置上，然后用真空联管将真空泵及真空计连接进行真空强度试验，试验真空度为 65Pa，稳定 10min 后，油流继电器不得有机械损伤和永久变形。

（7）防护性能试验。防护性能试验按照 GB 4208—2017《外壳防护等级（IP 代码)》有关要求进行，其防护性能试验应满足 IP55 要求。

（8）反向油流冲击。反向油流冲击指油流继电器能够承受见表 3-20 中的额定油流量大小相等、反向相反的流量冲击，应无机械变形和损伤、性能无改变；反复试验三次，重复动作特性试验，应仍能够满足要求。

（9）过范围试验。过范围试验指将油流继电器安装在装有试验装置上，调整流量至 1.2 倍额定流量后，历时 15min 后，继电器应无机械变形和损伤；重复动作特性试验，应仍能满足要求。

（10）长期稳定性试验。长期稳定性试验指油流继电器重复 10 000 次动作特性试验（接点从开到闭，再从闭到开为一次）后，应满足在动作油流量和返回油流量时，应能可靠地发出信号，其误差为额定流量的±5%。

3.6.2.4　油流继电器性能检测流程

油流继电器例行试验时，可按如图 3-23 所示中的流程进行测试。

3.6.2.5　油流继电器性能参数调整

油流继电器若需调整，可参考如下方法进行：

（1）外部可调功能。油流继电器有些具有外部可调功能，具体调整方法如下：

1）在冷却系统处于运行状态下，直接打开继电器侧面盖板，如图 3-24 所示。

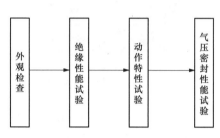

图 3-23　例行试验流程图

注：油流继电器若需进行型式试验项目，在试验项目合格后应重新进行例行试验。

图 3-24　拆开盖板

2）逆时针方向旋转调整杆，当指针开始转动时，放慢旋转速度，直到油流继电器信号转换为止，如图 3-25 所示。

3）观察油流继电器指针偏转情况，油流继电器在运行过程中指针应满足平稳不抖动。

（2）内部调整。内部调整指有些油流继电器进行调整时，需要将其从连接管路上拆下调整，具体如下：

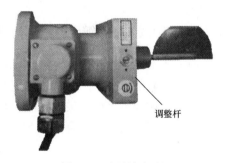

图 3-25　调整杆调整

1）将固定油流继电器的螺栓松开，将其从连接管路卸下，如图 3-26 所示。

2）将油流继电器的表盘放置平稳，在调整盘的原始装配位置做好位置标记，如图 3-27 所示。

3）松开固定调整盘固定用的 M5 螺栓，将调整盘逆时针适当旋转一定角度；整个调整过程中，需要用手固定调整盘，以防复位窝卷弹簧因扭力而脱落；调整完成后重新装好各拆卸件。

4）将油流继电器放置在专用校验台上进行校验，确认调整是否符合要求。

注意：当油路中的实际油流量小于油流继电器的规定的动作特性流量时（规格不符者）不能调整。

图 3-26　拆卸油流继电器

图 3-27　位置调整示意图

变压器冷却器用油流继电器是电力变压器的关键辅机，一旦出现故障同样会造成变压器异常运行，甚至是停用。因此无论是在变压器运行还是检修过程中均要认真巡视和检查才能保证其可靠工作。

3.7　SF₆ 气体密度继电器

3.7.1　SF₆ 气体密度继电器性能检测的重要性

SF_6 气体密度继电器使用一段时间后会产生一定的飘移，加上温度补偿材料老化变形，会使报警和闭锁值产生较大误差。密度继电器接点动作不频繁，也容易造成接点动作不灵敏或失效不能及时报警或闭锁，从而酿成重大事故。

通过检测，筛选出不合格的 SF_6 气体密度继电器，对于电力变压器安全运行具有重要意义。

3.7.2　SF₆ 气体密度继电器性能检测

3.7.2.1　SF_6 气体密度继电器性能检测周期

（1）SF_6 气体密度继电器校准周期 1～3 年。

（2）SF_6 气体密度继电器安装投运前。

（3）SF_6 气体密度继电器误动、拒动、检修后等必要时。

3.7.2.2　SF_6 气体密度继电器性能检测项目

SF_6 气体密度继电器进行校验时，可以根据表 3-19 中的校验形式，选择相应的校验项目进行校验。

表 3-19   SF₆ 气体密度继电器校验项目

检定项目	检验类别	
	例行试验	诊断性试验
外观及零位	√	√
示值误差、回程误差和轻敲位移	√	√
触点切换值误差	√	√
绝缘电阻	√	√
工频耐压		√
温度补偿		√
触点电阻	√	√
密封试验		√
振动试验		√
冲击试验		√

注　1. "√"表示应进行校验的项目。

　　2. 新制造并附有出厂合格证或者正常使用中的气体密度继电器可按照例行试验项目进行校验。

　　3. 修理后的 SF₆ 气体密度继电器，在使用前，应按照诊断性试验进行校验；对使用过程中发现异常或怀疑有故障，但例行试验正常的需要进行诊断性测试。

3.7.2.3　SF₆ 气体密度继电器性能检测方法及数据判定

（1）外观检查。

1）气体密度继电器应装配牢固、无松动现象；螺纹接头应无毛刺和损伤；充装硅油的气体密度继电器垂直放置时，液面应位于气体密度继电器分度盘高度的 70％～75％且无渗漏现象。

2）气体密度继电器上应有如下标志：制造单位或商标、计量单位和数字、准确度等级或最大允许误差、额定压力、出厂编号、温度使用范围、接点端子号及动作值；报警值、闭锁值在气体密度继电器分度盘上应有明显的不同颜色，以便区分。

3）气体密度继电器玻璃应无色透明，不得有妨碍读数的缺陷或损伤；继电器分度盘应平整光洁；各数字及标志应清晰可辨；表盘分度盘标尺因均匀分布。

4）气体密度继电器的指针应深入所有的分度线内，其指针指示端宽度不应大于最小分度的 1/5，指针与分度盘平面的距离应在 1～3mm 范围内。

（2）零位。零位是指用目力观测，其指针零值误差应符合下列要求：

1）绝对压力型气体密度继电器。当环境温度为 20℃时，指针须指在当地大气压值；当环境温度高于 20℃时，指针应指在当地大气压偏下的位置；当环境温度低于 20℃时，指针应指在当地大气压偏上的位置。

2）相对压力型气体密度继电器。当环境温度为 20℃时，指针须指在零位分度线宽度范围内，零位分度线线宽不得超过最大允许误差绝对值的两倍；当环境温度高于 20℃时，指针应指在零位偏下；当环境温度低于 20℃时，指针应指在零位偏上。

3）相对混合压力型气体密度继电器。当环境温度为 20℃时，指针须指在当前环境大气压减去标准大气压的差值处；当环境温度低于 20℃时，指针应指在该差值偏上的位置；当环境温度高于 20℃时，指针应指在该差值偏下的位置。

4）绝对混合压力型气体密度继电器。当环境温度为 20℃时，指针须指在 0.1MPa 分度线宽度范围内，分度线宽度不得超过最大允许基本误差值的两倍；当环境温度高于 20℃时，指针应指在 0.1MPa 偏下的位置；当环境温度低于 0℃时，指针应指在 0.1MPa 偏上的位置。

（3）示值误差、回程误差和轻敲位移的校验。

1）气体密度继电器的示值按分度值的 1/5 估读。

2）气体密度继电器的示值校验只对额定压力点进行。校验时逐渐平稳地升压，当示值达到测量上限后，切断压力源，耐压 3min，然后平稳地降压回校；对额定压力点，记录气体密度继电器在升压校验时轻敲表壳前的示值 p_{u1} 和轻敲表壳后的 p_{u2}，降压试验时轻敲表壳前的示值 p_{d1} 轻敲表壳后的示值 p_{d2} 以及标准器的示值 p_s。

3）对校验点，在升压和降压校验时，轻敲表壳前、后的示值与标准器示值之差 Δp 均应符合在额定压力条件下规定的允许误差，见表 3-20。气体密度继电器的示值误差 Δp 为 Δp_{u1} Δp_{u2}、Δp_{d1} 和 Δp_{d2} 中绝对值最大者。计算公式如下：

$$\Delta p_{u1} = p_{u1} - p_s \tag{3-19}$$

$$\Delta p_{u2} = p_{u2} - p_s \tag{3-20}$$

$$\Delta p_{d1} = p_{d1} - p_s \tag{3-21}$$

$$\Delta p_{d2} = p_{d2} - p_s \tag{3-22}$$

4）对校验点，在升压和降压校验时，轻敲表壳后的示值误差 Δr 应符合在额定压力下，回程误差不大于规定的允许误差，见表 3-20。Δr 的计算公式如下：

$$\Delta r = |\ p_{d2} - p_{u2}\ | \tag{3-23}$$

5）对校验点，在升压和降压试验时，轻敲表壳后引起的示值变动量 Δs 应符合轻敲表壳指针能自由摆动，指针示值的变动量不大于表 3-20 所规定的允许误差绝对值的 1/2。气体密度继电器的轻敲位移 Δs 为 Δs_u 和 Δs_d 中个较大者。

$$\Delta s_u = |\ p_{u2} - p_{u1}\ | \tag{3-24}$$

$$\Delta s_d = |\ p_{d2} - p_{d1}\ | \tag{3-25}$$

表 3-20 准确度等级允许误差对照表

准确度等级	允许误差（按量程的百分数计算）	
	20℃±1℃	−25～＋60℃
1.0 级	±1.0%	±2.5%
1.6 级	±1.6%	±2.5%

6）在示值误差校验过程中，用目力观察指针的偏差，应符合在测量范围内。指针偏转应平稳，无明显跳到和卡涩现象，压力上升指针经过低压闭锁触点和低压报警触点附近除外。

（4）触点切换值误差。

1）在信号触点相应端子间施加不低于 DC 24V 的电压，对每一组触点在升压和降压两种状态下分别测量其可靠接通和断开时的压力值。

2）对气体密度继电器加压或降压时应缓慢增加或减小负荷。测量触点动作值时，接近动作值时负荷变化速度每秒钟不应大于量程的 5‰，直至信号切换为止；同时在标准器上读取触点切换瞬间的压力值。

3）取压力下降时低压报警触点、低压闭锁触点以及压力上升时过压报警触点发生切换时的压力值与额定压力值比较，计算触点动作值误差。触点动作值误差、切换值误差应符合表 3-25 规定的允许误差；且在同一信号触点的设定点上，气体密度继电器信号接通与断开时的实际压力值之差，不应超过量程的 3%。

（5）绝缘电阻。在正常工作条件下，使用直流工作电压为 500V 的绝缘电阻表测量各触点之间、触点与外壳之间的绝缘电阻不应低于 20MΩ。

（6）绝缘强度。绝缘强度是触点与外壳之间的绝缘强度能承受 45～60Hz 的正弦波电压 2kV、历时 1min 的耐压试验，试验的漏电电流不应大于 0.5mA。

（7）温度补偿。温度补偿是利用高低温恒温试验箱或现场特殊温度下采用标准器，参照示值误差、回程误差和轻敲位移试验及触点动作值误差、切换差的校验的要求进行校验，应符合：

1）在气体密度继电器使用温度范围内，即在最低温度至最高温度范围内，显示即额定压力、信号触点动作值的准确度等级或最大允许误差都应符合要求；对于无刻度气体密度继电器，信号触点动作值及区域分界点的准确度等级或最大允许误差应符合要求。

2）将仪表充入 SF_6 气体至额定压力，当仪表试验环境温度高于 20℃时，指针应仍指示在额定压力，将其压力指示误差和信号触点动作值包括报警压力设定值和闭锁压力设定值的误差不应大于式规定的温度补偿误差值。

a）当环境温度为 −20～＋60℃时：

$$\Delta_1 = \pm(\delta + k_1\Delta_t) \tag{3-26}$$

$$\Delta_t = |t_2 - t_1|$$

式中 Δ_1——环境温度偏离 20℃时的温度补偿装置误差值，其表示方法与基本
误差相同，%；

δ——表 3-25 规定的允许误差绝对值，%；

t_2——环境温度为−20～+60℃内任意值，℃；

t_1——环境温度为−20～+60℃内选取 t_1 为 20℃，℃；

k_1——环境温度为−20～+60℃内的温度补偿系数（0.002℃$^{-1}$）。

b）当环境温度为低于−20℃时：

$$\Delta_2 = \pm(\Delta_{-20} + k_2\Delta_t) \tag{3-27}$$

$$\Delta_t = |t_2 - t_1|$$

式中 Δ_2——环境温度低于−20℃时的温度补偿装置误差值，其表示方法与基本
误差相同，%；

Δ_{-20}——环境温度为−20℃时的温度补偿装置误差值，其表示方法与基本误
差相同，%；

t_2——环境温度为低于−20℃内任意值，℃；

t_1——环境温度为低于−20℃内选取 t_1 为−20℃，℃；

k_1——环境温度为低于−20℃内的温度补偿系数（0.005℃$^{-1}$）。

（8）触点电阻。触点电阻指当气体密度继电器输出触点接通时，使用数字万
用表测量各组输出触点两端间的直流电阻，触点电阻接通后直流电阻值不应大
于 1Ω。

（9）密封试验。密封试验指加压至额定压力值的 110%，吹扫仪表周围残余
的 SF$_6$ 气体，用塑料薄膜罩住仪表 24h 后，用灵敏度不低于 10^{-8} 的 SF$_6$ 气体检
漏仪检测薄膜罩内及表壳内 SF$_6$ 气体密度值，绝对漏气率不大于 1×10^{-9} Pa·
m^3/s。

（10）耐振动试验。按照气体密度继电器的正常工作环境振动等级：

1）表壳内不充油：符合 GB/T 11287—2000《电气继电器 第 21 部分：量
度继电器和保护装置的振动、冲击、碰撞和地震试验 第 1 篇：振动试验（正
弦）》规定的 1 级。

2）表壳内充油：符合 GB/T 11287—2000《电气继电器 第 21 部分：量度
继电器和保护装置的振动、冲击、碰撞和地震试验 第 1 篇：振动试验（正弦）》
规定的 2 级。

按照 GB/T 2423.10—2019《环境试验 第 2 部分：试验方法 试验 Fc：振
动（正弦）》环境试验规定的试验方法，试验前后试验后零位校验、示值误差、
回程误差和轻敲位移的校验和触点电阻动作值误差、切换值误差校验的方法进行

校验，所重复校验项目均符合要求。

（11）耐冲击试验。耐冲击试验指按照表壳内充油型（不应超过 $30g$，g 为重力加速度），表壳内不充油（不应超过 $50g$，g 为重力加速度）进行脉冲持续冲击 7ms，脉冲次数为 30 次的冲击试验，试验后零位校验、示值误差、回程误差和轻敲位移的校验和触点电阻动作值误差、切换值误差需符合要求。

需要注意的是：

1）校验过程，要拧松充油型密度继电器的通气孔的螺钉要拧松，使继电器的内外大气相通，否则会影响继电器的显示和设定点的动作精度。

2）密度继电器安装、测试应保持竖直状态。

3）进行测试过程，因避免密度继电器受阳光直射。

4）密度继电器与高压设备本体连接结构，能否满足现场校验要求。

5）试验前仪表在此温度下放置不小于 3h。

6）温度采集时尽可能采集离温度补偿构件近的部位，对双气腔补偿的应采集补偿气包的温度，温度测试的准确性对校验精度很重要，需要按照规定准确采集。

3.7.2.4　SF_6 气体密度继电器性能检测对校验设备的要求

（1）对被试设备的要求。

1）对使用中的气体密度继电器进行校验，相应的电气设备必须停止运行，并切断与气体密度继电器相连的控制电源。对气体密度继电器和电气设备本体之间有隔离阀门且气体密度继电器侧气路带有校验口的设备，须关闭隔离阀门，在校验口处连接标准器进行校验；其他情况下，需卸下气体密度继电器进行校验。注意气体密度继电器与设备本体的连接方式，防止漏气。

2）现场校验气体密度继电器时，原则上可在容易接线的任何地方引出触点信号线。

3）进行零位和计量性能校验时，气体密度继电器应保持直立或正常工作状态。

4）对于以环境大气压为基准压力的气体密度继电器，校验前应按说明书的要求确认其顶部螺钉拧松，使表壳内外气压平衡。

5）准确测量气体密度继电器的温度，温度计或校验仪的测温探头应尽可能靠近气体密度继电器，并与气体密度继电器一起进行温度平衡。具体温度平衡时间应因地制宜，原则上应彻底平衡，一般来说不小于 0.5h，具体时间与标准器和气体密度继电器之间的温差和气体密度继电器的结构有关。

（2）对校验设备的要求。

1）标准器的允许误差绝对值不应大于被检气体密度继电器允许误差绝对值的 1/4。

2）可选用的标准器必须满足：经校验合格的 SF$_6$ 气体密度继电器校验仪。其他符合标准器误差要求及现场校验特殊要求的压力计量标准器。

3）可选辅助器材：气压压力泵或气压源；绝缘电阻表：500V DC，10 级；工频耐压测试仪；温度计：$-50\sim+80℃$，允许误差不大于 $\pm1℃$；数字万用表：电阻测量准确度优于 1%；高低温试验箱：$50\sim+80℃$。

（3）对校验介质的要求。

1）将被检密度继电器从 SF$_6$ 设备上取下、脱离本体进行校验，可使用清洁干燥的空气或干燥、无毒、无害和化学性能稳定的气体，如氮气、SF$_6$ 气体等；

2）不脱离 SF$_6$ 设备校验密度继电器，应使用纯度不小于 99.9% 的 SF$_6$ 气体。

3.7.2.5　SF$_6$ 气体密度继电器性能检测对环境条件的要求

（1）避免阳光直接照射；且无较强热源影响。

（2）环境相对湿度：不大于 85%RH。

（3）气体密度继电器应在校验环境下至少已工作或静置 3h。

3.7.2.6　SF$_6$ 气体密度继电器性能检测流程

进行 SF$_6$ 气体密度继电器的校验时，可以参考如图 3-28 所示测试流程进行。

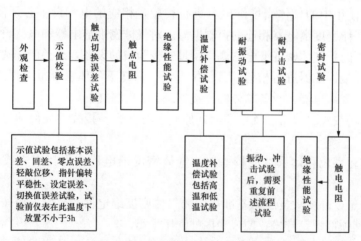

图 3-28　气体密度继电器校验流程

3.8　断　流　阀

3.8.1　断流阀性能检测的重要性

断流阀作为变压器排油注氮灭火系统装置重要组件，一旦误动关闭，会造成运行中的变压器油箱内部压力增大，造成压力释放阀动作喷油，造成气体继电器（双浮子结构形式）重瓦斯保护动作跳闸。若断流阀出现拒动或者阀门关闭不严，一旦出现火灾情况，排油注氮装置启动，压力释放阀排出顶层变压器油时，储油柜的油回流，形成"火上浇油"态势，造成事故进一步扩大，失去灭火意义，也会造成重大经济损失。

因此开展断流阀性能检测，筛选出不合格的断流阀，对于提升排油注氮灭火装置的可靠性，保证变压器安全可靠运行具有重要现实意义。

3.8.2　断流阀性能检测

3.8.2.1　断流阀性能检测周期
断流阀校验根据实际情况制定（安装投运前，误动、拒动、检修后等必要时）。

3.8.2.2　断流阀性能检测项目
断流阀的校验项目可以参照表 3-21 所列举校验项目进行。

表 3-21　　　　　　　　　　断流阀校验项目

检验项目	型式试验项目	出厂检验项目		不合格类别		
		全检	抽检	A	B	C
一般要求	√	√		√		
标志	√	√				√
动作流量要求	√	√		√		
密封要求	√	√			√	
工作可靠性要求	√		√	√		
绝缘要求	√	√			√	
耐 25 号变压器油性能	√		√		√	
手动复位操作	√	√				√

注　1. "√"表示需要检验的项目。
　　2. 有下列情况之一时应当进行型式试验：
　　　（1）新产品试制定型鉴定。
　　　（2）正式投产，如产品结构、工艺、材料、关键工序的加工方法有重大改变。
　　　（3）发生重大质量事故时。
　　　（4）产品停产一年以上，恢复生产时。

3.8.2.3　断流阀性能检测方法
（1）一般要求。断流阀的通径应与变压器气体继电器的通径一致。

（2）标志。在断流阀的明显部位应永久性的标注：产品名称、生产单位或商标、型号规格、流动方向、公称通径、关闭流量。

（3）动作流量要求。动作流量要求指将断流阀固定安装在试验管路上，试验介质采用变压器油，调节断流阀入口压力为试验压力，逐渐增大阀门的开度，直至断流阀能够关闭。按照此种方法进行动作流量试验，断流阀的动作流量不应大于生产单位公布值，并在此流量下能可靠输出闭合信号。

（4）密封要求。密封要求指将断流阀样品进口与液压强度试验装置相连，断流阀处于运行状态，排除连管与断流阀腔体内部的空气，封闭所有出口，以不大于 0.54MPa/s 的速率缓慢升压至试验压力 0.15MPa，进行液压密封性试验，压力保持时间为 5min，断流阀应无泄漏。

（5）工作可靠性要求。工作可靠性要求指将断流阀安装在试验管路上，试验介质采用变压器油，调节断流阀入口压力为试验压力，快速开启断流阀的出口阀门方法进行断流阀的工作可靠性试验；断流阀的动作应灵活、可靠，不应出现任何故障或结构损坏，能可靠输出闭合信号。工作可靠性需要重复进行 10 次试验。

（6）绝缘要求。绝缘要求指正常大气条件下，信号输出端子与外壳之间的绝缘电阻应大于 20MΩ。

（7）耐 25 号变压器油性能。耐 25 号变压器油性能指将断流阀样品浸入盛有 25 号变压器油的容器中，样品浸入深度不小于 0.3m，变压器油温 125℃，进行试验，试验后断流阀应无腐蚀损坏。试验后进行动作流量和密封性能试验，应符合动作流量和工作可靠性的要求的规定。

（8）手动复位操作。断流阀应具有手动复位操动机构，机构手动复位操作力矩不应大于 5N·m。

3.8.2.4 断流阀性能检测流程

依据 GA 835—2009《油浸变压器排油注氮灭火装置》，断流阀需要进行以下项目的校验：

（1）一般要求。

（2）标志。

（3）动作流量要求。

（4）密封要求。

（5）工作可靠性要求。

（6）绝缘要求。

（7）耐 25 号变压器油性能。

（8）手动复位操作。

具体试验流程程序如图 3-29 所示。

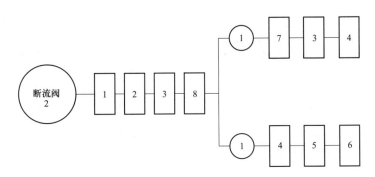

图 3-29　断流阀试验程序图

注：图 3-29 中圆圈中数字表示试验所需样品数，方框中数字表示试验项目序号。

3.8.2.5　断流阀性能检测数据处理及判定

（1）型式试验项目全部合格，则该装置为合格。出现 A 类项目不合格为不合格；B 类项目不合格数大于 2，该装置为不合格；若出现 1 项 B 类项目不合格时，则 C 类不合格数量大于等于 2 时，该装置不合格。

（2）出厂检验项目全部合格时，该装置为合格，出厂检验有一项或者一项以上不合格时，可以在同批次加倍抽样复检，复检后仍不合格，该批次为不合格。

第4章

电力变压器非电量组件运行维护

非电量组件对电力变压器的运行至关重要，为了确保非电量组件的可靠运行，除了定期对保护装置进行性能检测，还应掌握设备异常状态可能产生的原因以及应急处理的方式方法。

本章主要从非电量组件运行维护层面，对非电量组件在运行期间注意事项进行阐述。

4.1 气体继电器

4.1.1 气体继电器检修要求

目前 400kVA 以上的室内电力变压器大都装设有瓦斯保护，800kVA 以上的室外电力变压器装设有瓦斯保护。继电器出厂时，应用专用的固定装置将动作机构固定，以免运输中摇摆损坏干簧管。

DL/T 572—2021《电力变压器运行规程》在 5.3.1 "运行的气体继电器应 2~3 年开盖一次，检查内部结构和动作可靠性检查。对保护大容量、超高压变压器的气体继电器更应该加强二次线路的维护"，这就要求加强气体继电器的现场维护。

根据 DL/T 573—2021《电力变压器检修导则》继电器进行现场检修可参考表 4-1 内容进行现场检查。

表 4-1　　　　　　　　　　气体继电器检修要求

序号	部位	内容	工艺质量要求
1	继电器	拆卸	切断继电器电源，断开继电器二次接线，关闭继电器两侧蝶阀，在气体继电器下放置盛油的开口油桶将其放油，拆开继电器两端的法兰螺栓，将其拆下
2	部件	完整性、清洁度、方向指示、接线端子	(1) 各部件（继电器壳体、玻璃窗、放气阀门、接线端子盒等）应完整清洁，密封无渗漏。 (2) 盖板上箭头及接线端子标识应清晰明确
		探针、浮筒（开口杯）、挡板、指针	(1) 检查探针应动作灵活，检查开口杯（浮筒）、挡板、指针的机械指示部分应转动灵活，正确。 (2) 检查指针动作后应能有效复位

序号	部位	内容	工艺质量要求
3	试验	密封	将气体继电器密封，充满变压器油，常温下加压 0.15MPa，持续 30min 无渗漏。再用合格的变压器油冲洗继电器芯体
		绝缘性能	采用 2500V 绝缘电阻表测量绝缘电阻应大于 1MΩ，或用工频耐压 AC2000V，1min 无击穿
		动作校验	轻瓦斯信号： 　　25mm 管径气体继电器一般在 200～250mL 之间动作，50/80mm 管径气体继电器一般在 250～300mL 之间应正确动作。 　　除制造厂有特殊要求外，对于重瓦斯信号，油流速一般达到： 　　(1) 自冷式变压器 0.8～1.0m/s。 　　(2) 强油循环变压器 1.0～1.2m/s。 　　(3) 120MVA 以上变压器 1.2～1.3m/s 时应动作。同时，指针停留在动作后的倾斜状态，并发出重瓦斯动作标志（掉牌）
4	继电器	复装（含传动试验）	(1) 检查联管管径应与继电器标称口径一致，其弯曲部分应大于 90°，联管法兰密封垫的内径应大于管道的内径，应使继电器盒盖上的箭头指向储油柜。 　　(2) 复装时，更换联管法兰和两侧蝶阀的密封垫，先装两侧联管与蝶阀，如无不锈钢波纹联管，联管与油箱顶盖、储油柜之间的连接螺栓暂不拧紧，此时将继电器安装于其间，用水平尺找准位置，使出、入口联管和气体继电器三者处于同一中心位置，然后将法兰固定螺栓拧紧，确保继电器不受机械应力。 　　(3) 气体继电器应保持基本水平位置：联管朝向储油柜的方向应有 1‰～1.5‰ 的升高坡度。继电器的接线盒应有防雨罩或有效的防雨措施，放气小阀应低于储油柜最低油面 50mm，检查原连接电缆应完好无损伤，否则进行更换。 　　(4) 气体继电器两侧应均安装蝶阀，一侧宜采用不锈钢波纹联管，口径均相同，便于气体继电器抽芯检查和更换。 　　(5) 调试应在继电器充满油并连同油路的情况下进行，打开继电器的放气小阀排净气体，用手按压探针时重瓦斯信号应能发出，松开时应能复位；从放气小阀压入一定量的气体，轻瓦斯信号应能动作，将气体排出后应能复位，否则应处理或更换

气体继电器在投运前，可通过探针对其动作灵敏度进行测试，具体方法如下：

（1）按压测试。通过按压测试按钮 OFF，观察继电器能否发出信号，可在现场定性判断气体继电器内部是否存在故障。万用表检测方法如图 4-1 所示。

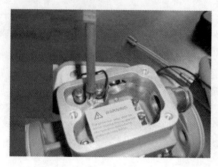

图 4-1　万用表检测方法

对于双浮子继电器，通过按下测试按钮不同高度，可定性判断轻瓦斯、重瓦斯动作机构动作是否正常。检查步骤如下：

1）拧下大闷盖螺母。

2）测试按钮向下按直到一半位置，并保持这一位置。

3）用万用表测试接点信号端子的通断，确认轻瓦斯功能。

4）测试按钮向下按至止挡处，并保持这一位置。

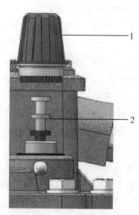

5）用万用表测试接点信号端子的通断，确认继电器的重瓦斯功能。

6）放开测试按钮，继电器复位时，万用表处于断开状态。

按压测试如图 4-2 所示。

（2）继电器复位。带有"挡板保持动作位置"功能的气体继电器，一般需要逆时针方向旋转测试按钮（探针）才可将挡板解锁，将继电器复位。

继电器复位如图 4-3 所示。

图 4-2　按压测试
1—闷盖螺母；2—测试按钮

4.1.2　气体继电器运行维护注意事项

气体继电器运行期间，需要注意以下事项：

（1）变压器运行时，气体继电器应有两副接点，彼此间完全电气隔离。一套用于轻瓦斯报警，另一套用于重瓦斯跳闸。有载分接

开关的瓦斯保护应接跳闸。当用一台断路器控制两台
变压器时，当其中一台转入备用，则应将备用变压器
重瓦斯改接信号。

（2）变压器在运行中滤油、补油、换潜油泵或更
换净油器的呼吸剂时，应将重瓦斯改接信号，此时其
他保护装置仍应接跳闸。

（3）气体继电器应每 2～3 年开盖检查一次，确
认内部结构完好、动作灵敏可靠。对超特高压电力变
压器上的气体继电器，需加强二次回路检查。

图 4-3　继电器复位

（4）当油位计的油面异常升高或呼吸系统有异常
现象，需要打开放气或放油阀门时，应将重瓦斯改接信号。

（5）在地震预报期间，应根据变压器的具体情况和气体继电器的抗震性能，
确定重瓦斯的运行方式。地震引起重瓦斯动作停运的变压器，在投运前，应对变
压器及瓦斯保护进行检查试验，确定无异常后方可投入。

4.1.3　气体继电器异常处置

（1）气体继电器信号动作后处理措施。瓦斯保护信号动作时，应立即对变压
器进行检查，查明动作的原因，是否因积聚空气、油位降低、二次回路故障或是
变压器内部故障造成的。如气体继电器内有气体，则应记录气量，观察气体的颜
色及试验是否可燃，并取气样做色谱分析，可根据有关规程和导则判断变压器的
故障性质。

若气体继电器内的气体为无色、无臭且不可燃，色谱判断为空气，则变压器
可继续运行，并及时消除进气缺陷。若气体是可燃的或油中溶解气体分析结果异
常，应综合判断确定变压器是否停运。

《国家电网有限公司十八项电网重大反事故措施》（2018 修订版）9.2.3.6 规
定："当变压器一天内连续发生两次轻瓦斯报警时，应立即申请停电检查；非强
迫油循环结构且未装排油注氮装置的变压器（电抗器）本体轻瓦斯报警，应立即
申请停电检查。"

新投运变压器或者进行过油处理的变压器，运行初期容易发生轻瓦斯报警；
强油循环变压器，容易发生负压区渗漏油进气；装有排油注氮装置的变压器，排
油管道易存气。上述情况容易造成轻瓦斯告警。运行过程中变压器会有少量气体
排出，若 24h 内连续发生两次轻瓦斯报警时，说明变压器可能存在严重故障。

（2）气体继电器跳闸动作后处理措施。气体继电器瓦斯保护动作跳闸时，在
查明原因消除故障前不得将变压器投入运行，为查明原因，可重点考虑以下因素

作出综合判断：

1）是否呼吸不畅或排气未尽。

2）保护及直流等二次回路是否正常。

3）变压器外观有无明显反映故障性质的异常现象。

4）气体继电器中积聚气体量，是否可燃。

5）气体继电器中的气体和油中溶解的气体色谱分析结果。

6）必要的电气试验。

7）变压器其他继电保护装置的动作情况。

4.2　压力释放阀

4.2.1　压力释放阀检修要求

压力释放阀进行现场安装时，需要检查密封面平整无划痕，无漆膜，无锈蚀。各部连接螺栓及压力弹簧应完好，无锈蚀松动现象。

根据 DL/T 573—2021《电力变压器检修导则》压力释放阀进行现场检修可参考表 4-2 内容进行现场检查。

表 4-2　　　　　　　　　　　　压力释放阀检修要求

序号	部位	内容	工艺质量要求
1	压力释放阀	拆卸	先将二次线全部断开，依次对角松动安装法兰螺栓，轻轻摇动，待密封垫脱开后拆下
2	护罩和导流罩	清洁	清扫护罩和导流罩，应保持清洁，无锈蚀
3	连接螺栓和压力弹簧	检查	检查各部分连接螺栓和压力弹簧，应完好、无锈蚀、无松动
4	微动开关	检查微动开关动作和防雨	（1）微动开关触点接触良好，进行冬之公主试验，微动开关动作正确。 （2）无雨水进入和受潮现象
5	密封	密封性能	更换密封垫后，压力释放阀密封良好，无渗油
6	升高座	升高座放气塞	升高座放气塞良好，若无，应增设，能够防止聚集的气体应温度变化而引起的误动作
7	动作试验	动作正确性	进行加压和减压测定开启和关闭值时，开启和关闭压力值应符合规定
8	电缆	检查信号电缆	信号电缆应采用耐油电缆，无损坏和中间接头
9	绝缘试验	信号接点绝缘	采用 2500V 绝缘电阻表测量绝缘电阻应大于 1MΩ，或用工频耐压 AC2000V，1min 无击穿

续表

序号	部位	内容	工艺质量要求
10	压力释放阀	复装	（1）先检查密封面应平整无划痕、无漆膜、无锈蚀，更换密封垫。 （2）按照拆卸相反顺序复装，依次对角拧紧法兰固定螺栓，使密封垫均匀压缩，至可靠密封。 （3）打开放气塞排气，至冒油在拧紧放气塞。 （4）连接二次电缆应完好无损，否则需更换

4.2.2 压力释放阀的运行维护注意事项

部分具备锁帽的压力释放阀，在取下锁帽后必须确认防雨帽应完好地安装在标示杆上，且带有保护套，以免出现雨水浸入释放阀引起电气部分故障。

对于已经投运的压力释放阀，在运行过程中需要注意以下事项：

（1）定期检查压力释放阀的阀芯、阀盖是否有渗漏油等异常现象。

（2）定期检查释放阀微动开关的电气性能是否良好，连接是否可靠，避免误发信。

（3）结合变压器大修应做好压力释放阀的校验工作。

（4）采取有效防潮防积水措施。

（5）释放阀的导向装置安装和朝向正确，确保油的释放通道畅通。

（6）运行中的压力释放阀动作后，应将释放阀动作后的机械电气信号手动复位。

由于变压器本体油的容积大，油箱、散热器和储油柜的膨胀缓冲作用，压力梯度上升不高，选择压力释放阀作为保护释放低压力的故障能量是合适的。但分接开关油室容积小，绝缘筒不会膨胀，且故障大多是急性事故，故障能量使压力梯度急剧上升，若选择压力释放阀作为保护，压力释放阀开启时排放量不是很大，往往来不及释放故障能量，造成分接开关油室内部的过压力，引起油室破裂（如筒底损坏脱落），分接开关油室内的污油进入变压器油箱。有载分接开关压力释放装置不宜采用压力释放阀，而应采用爆破盖，但也有部分有载分接开关同时配置压力释放阀和爆破盖。

4.2.3 压力释放阀异常处置

压力释放阀动作的直接原因必然是变压器内部压力达到了压力释放阀的开启压力。而变压器内部压力升高的主要原因有：变压器内部故障；呼吸系统堵塞；变压器运行温度过高，储油柜已满，体积随温度变化的变压器油无处膨胀，内部压力升高；变压器补充油时操作不当等。压力释放阀动作后，需要对故障原因进行分析，以确认变压器是否具备继续运行的条件，可从以下几个方面进行：

（1）检查压力释放阀是否喷油，确认机械动作机构动作情况，确认压力释放阀是否二次线路引起的误动作。

（2）检查主变压器油温和绕组温度、运行声音是否正常，有无喷油、冒烟、强烈噪声和振动情况。若变压器油温和绕组温度是有大幅度升高，可以肯定是内部故障，应立即停运处理。若油温和线圈温度略有上升或正常，并派人就地检查听音后没有异常可以确定是绝缘油膨胀所致。

（3）检查瓦斯保护动作情况，若瓦斯保护未动作，确认是否因气体继电器通往储油柜阀门关闭，储油柜无法调节油位，造成变压器内部压力因温升压力升高，导致压力释放器动作。

（4）检查变压器与吸湿器的连接情况，检查有无联管堵塞情况。

（5）进行油色谱分析，对变压器内部情况进行评估。

4.3　速动油压继电器

4.3.1　速动油压继电器检修要求

根据 DL/T 573—2010《电力变压器检修导则》，速动油压继电器（压力突发继电器）进行检修时应遵循以表 4-3 要求。

表 4-3　　　　　　　　　　速动油压继电器检修要求

序号	部位	内容	工艺质量要求
1	继电器本体	拆卸	先将二次线全部脱开，依次对角松动安装法兰的固定螺栓，轻轻摇动，待密封垫脱开后拆下
		完整性	应清洁完整，无锈蚀，无渗漏油现象
2	继电器油腔	防止堵塞和卡滞	用合格的变压器油冲洗，检查应无损伤
3	微动开关和接线盒	防潮	更换吸湿剂，更换密封垫，检查微动开关、端子盒、接线无受潮情况
		连接	二次接线可靠正确
4	绝缘试验	动作信号传动	2500V绝缘电阻表连接好信号回路进行手动试验，手动试验时微动开关的动作和返回信号传动正确。更换盖帽的密封垫
		信号端子绝缘	分别测量信号端子之间和对地的绝缘电阻值大于1MΩ

续表

序号	部位	内容	工艺质量要求
5	继电器本体	复装	（1）先检查密封面应平整无划痕、无漆膜、无锈蚀，更换密封垫。 （2）按照原位复装，依次对角拧紧法兰固定螺栓，使密封垫均匀压缩，至可靠密封。 （3）打开放气塞排气，至冒油在拧紧放气塞。 （4）连接二次电缆应完好无损，否则需更换

速动油压继电器运输过程中，一般不会将速动油压继电器安装在变压器上。到达现场后，需要对其外观及开关接点动作性能进行测试，可以采用手推试验杆方法或者打气筒充气定性测，通过信号开关能否有效地切换进行判定。

（1）手推试验杆法。

1）根据速动油压继电器接线盒铭牌标注的接线方式，连接好电气线路（参考打气筒法接线）。

2）拆掉弹簧座杆，将试验杆插入测试孔内。

3）将手动试验杆安装在手动支架上，如图 4-4 所示，快速试验杆，检查触点开关是否动作。

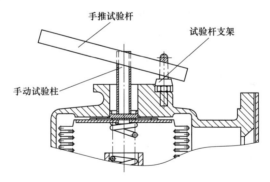

图 4-4　手推试验柱（杆）法

注：1. 当手推试验杆向下压的速度太慢时，速动油压继电器腔体内部可能因压力不足而出现响应失败。

　　2. 手推试验杆下压的距离不应大于 20mm。

（2）打气筒测试法。

1）关闭速动油压继电器与变压器之间的蝶阀，或者用密封板将速动油压继电器进行密封，连好电气线路。

2）将实验用打气筒外接头与速动油压继电器配备的放气管连接头连通。

3）卸下速动油压继电器放气塞防护帽，将放气管测试帽旋入放气塞接口，使放气塞打开。

4）用打气筒快速打气，观察万用表是否导通。动作视为接点正常、不动作视为接点失效，需要返厂处理。

打气筒测试法如图 4-5 所示。

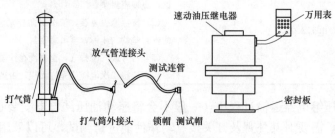

图 4-5　打气筒测试法

4.3.2　速动油压继电器运行维护注意事项

DL/T 572—2021《电力变压器运行规程》对速动油压继电器的运行维护要求如下：

（1）速动油压继电器动作压力灵敏度值一般在 25kPa/s(1±20%)。

（2）速动油压继电器通过一蝶阀安装在变压器油箱侧壁上，与储油柜中油面的距离为 1～3m。装有强油循环的变压器，继电器不应装在靠近出油管的区域，以免在启动和停止油泵时，继电器出现误动作。

（3）速动油压继电器安装时放气塞在上端。继电器安装正确后，将放气塞打开，直到少量油流出后，将放气塞拧紧。

4.4　变压器用温控器

4.4.1　温控器检修要求

变压器用温控器的现场检修可以参考表 4-4 内容执行。

表 4-4　　　　　　　　　　　　　温度计检修要求

序号	部位	内容	工艺质量要求
1	温度计含温包	拆卸	应先将二次线全部脱开，松开安装螺栓，保持外形完好，金属细管不得扭曲、损伤和变形，拧下密封螺母连同温包一并取出，然后将温包从油箱上拆下，并将金属细管盘好，其弯曲半径应大于 75mm

序号	部位	内容	工艺质量要求
2	温包及金属细管	损伤	逐处查看温包及金属细管应无损伤、扭曲、挤压和变形,无泄漏、堵塞现象
3	温度面板	指示清晰	应清洁完整无锈蚀现象,指示应正确清晰
4	温度刻度	校验	与标准温度计对比,并根据温度等级进行判断
5	绝缘试验	端子绝缘	采用 2500V 绝缘电阻表测量绝缘电阻应大于 1MΩ,或用工频耐压 AC2000V,1min 无击穿
6	温度计含温包	复装	(1) 将经校验合格的温度计固定在油箱底板上,检查发信温度设置准确,连接二次电缆应完好,否则更换。将玻璃外罩密封好,其出气孔不得堵塞,防止雨水侵入。 (2) 变压器箱盖上的测温座预先注入适量的变压器油,再将温包安装在其中,擦干净多余的变压器油,将测温座防雨盖拧紧,不渗漏。 (3) 金属细管(毛细管)应按照弯曲半径大于 75mm 盘好,并固定

4.4.2 温控器运行维护注意事项

(1) 为防止变压器用温控器误动作引起跳闸事故,部分单位规定温控器的接点不接入跳闸,但实际上是否接入跳闸应考虑变压器的结构形式及变电站的值班方式,如由于壳式变压器结构的特殊性,当变电站为无人值班时,其油面温控器的跳闸接点应严格按厂家的规定接入跳闸。对于冷却方式为强迫油循环风冷的变压器一般应接入跳闸;对于冷却方式为自然油浸风冷的变压器则可仅发信号。

(2) 变压器应配备油面温控器及绕组温控器,并有温度远传的功能,为了能够全面反映变压器的温度变化情况,一般还将油面温控器配置双重化,即在主变压器的两侧均设置油面温控器。

(3) 变压器应装设温度保护,如有指示曾经到过的最高温度的指针,安装时,必须将该指针放在与显示实时温度重叠的位置。

(4) 变压器必须定期检查、记录变压器油温及曾经到过的最高温度值。应按照顶层油温来控制冷却装置的投切、温度过高发信。

(5) 变压器投入运行后现场温度计指示的温度、控制室温度显示装置、监控系统的温度三者基本保持一致,相差一般不超过 5℃。

(6) 温控器安装基座内应注有适量的变压器油。

(7) 绕组温控器变送器的电流值必须与电力变压器用来测量绕组温度的套管

型电流互感器电流相匹配。

（8）应结合停电，定期校验温控器。

4.4.3　温控器异常处置

变压器油温指示异常时，运行值班人员应按照以下步骤进行检查处理：

（1）检查变压器的负载和冷却介质的温度，并与在同一负载和冷却介质下正常的温度示数进行核对。

（2）核对温度测量装置。

（3）检查变压器的冷却装置和变压器的通风情况。

（4）若温度升高的原因在于冷却系统的故障，且在运行中无法处理时，应将变压器停运检修；若不能立即停运检修，则值班人员应按照现场规程的规定调整变压器的负载至允许运行温度的相应容量。

（5）在正常负载和冷却条件下，变压器温度不正常且不断上升，应查明原因，必要时，立即停止变压器运行。

（6）变压器在各种额定电流方式下运行，若顶层油温超过 105℃，应立即降低负载。

4.5　油　位　计

4.5.1　油位计检修要求

根据 DL/T 573—2021《电力变压器检修导则》规定，指针式油位计的检修要求可参考 4-5 执行。

表 4-5　　　　　　　　　　　指针式油位计检修要求

序号	部位	内容	工艺质量要求
1	表计	拆卸	拆卸表计时，先将油面降低至表计以下，再将接线盒内信号连接线脱开，松开表计的固定螺栓，松动表计将其与内部连接的连杆脱开，取出连杆和浮筒，防止损坏。连杆应伸缩灵活，无变形折叠；浮筒应完好无变形和漏气
2	传动机构	完整性、灵活性	齿轮传动机构应无损坏，转动灵活、无卡滞、滑齿现象
3	磁铁	主动、从动磁铁耦合同步	转动主动磁铁，从动磁铁应同步转动正确
		指针指示范围是否与表盘刻度相符	摆动连杆，摆动 45°时，指针应从"0"位置到"10"位置或与表盘刻度相符合，否则应调整限位块，调整后将紧固螺栓锁紧，以防松脱。连杆和指针应传动灵活、准确

续表

序号	部位	内容	工艺质量要求
4	报警装置	动作是否正确	当指针在"0"最低油位和"10"最高油位时,限位报警信号动作应正确,否则调节凸轮或开关位置
		绝缘试验	采用2500V绝缘电阻表测量信号端子绝缘电阻,应大于10MΩ,或用工频耐压试验AC 2000V持续1min无击穿
5	密封	密封性能	更换密封胶垫,进行复装以后密封应良好无渗漏
6	表计	复装	(1)复装时,应根据伸缩杆的实际安装结点,用手动模拟连杆的摆动,观察指针的指示位置应正确,然后固定安装结点。否则应重新调整油位计的连杆摆动角度和指示范围。 (2)连接二次信号线,检查原电缆应完好,否则应更换

注 磁翻板式油位计、管式油位计宜结合其自身使用说明,参考表4-5进行检修。

4.5.2 油位计运行维护注意事项

(1)定期检查就地、远方油位计指示以及呼吸器工作情况(尤其是高温高负荷、低温低负荷期间),核对是否符合油温油位曲线,并与历史数据、相邻相数据进行对比分析。

(2)当发现油位计指示不随环境温度和油温的变化而变化,成单一指示故障表现时,可初步判断油位计机械卡涩,应尽快进行处理。

(3)温度变化较大时,检查油位计的数值应保持其在允许范围,若怀疑发生假油位时,可采用红外成像进行辅助判断。

(4)变压器大修期间,检查胶囊展开情况(可利用内窥镜),检查储油柜顶部是否存在窝气。

(5)变压器大修期间,利用透明软管进行实际油位测量,检查油位指示与实际油位是否相符,并确保在油温油位曲线规定范围内。

(6)变压器大修期间,进行油位计告警信号检查、二次回路绝缘测试。

鉴于以往主变压器停电检修中单纯对油位计结点进行导通试验的方式,无法客观、全面反应油位计是否正常,油位计校验应以实际油位校核油位计的方法。

(7)涉及排油相关工作,应注意排油速度、真空注油后真空回气速度,观察注油期间油位计变化及油位计接点动作情况。

4.5.3　油位计异常处置

4.5.3.1　油位计异常原因

变压器储油柜的油面高低受油温、环境温度等影响，油位计应该指示出正确的油面高低，否则会出现假油位后会误导运行人员，致使缺陷不能及时发现。油位计的显示不准的常见原因：

（1）安装油位计和储油柜过程中，储油柜内壁没有清理干净、有杂物，将油位计传动机构卡死。当油位变化时，油位计没有跟随变化，造成虚假油位。

（2）操作人员在注油过程中，作业流程不规范，使得空气进入储油柜，油位计不能准确反应储油柜内油位变化。

（3）呼吸器出现堵塞，使得储油柜中的胶囊不能自由呼吸，当油面变化时，油位计不能进行及时反应。严重时，油位升高到一定程度就会从气阀溢出，造成严重后果。

（4）变压器运行期中不断振动，浮球脱落或者浮球破损，变压器油进入浮球内部，浮球重力增加，浮球或连杆沉入油箱底部，造成油位计指示不准。

（5）连杆安装过程中位置不正确或对主变压器抽真空注油后解除真空时速过快，对浮球及连杆产生作用力导致连杆断裂，剩余连杆沉入储油柜底部。

（6）油位计表盘到浮球的连接部位螺钉松动或脱落，导致浮球的位置无法准确传递给油位计指示机构。

4.5.3.2　油位计异常处置

（1）发现油位计指示异常时，应先检查就地、远方指示是否一致，检查呼吸器呼吸情况、油温指示，与历史数据、其他相进行比较分析。

（2）确认其无异常时，可以采用红外测温成像图片进行辅助判断，通过对成像图片的分析对比来判断储油柜内的油位。

（3）在非紧急故障或无法立刻停电处理时，还应跟踪检查油位计指示长时变化情况、随环境温度和油温变化情况，便于进一步开展缺陷分析。

4.6　变压器冷却器用油流继电器

4.6.1　油流继电器检修要求

根据 DL/T 573—2021《电力变压器检修导则》，油流继电器现场检修时，可以参考表 4-6 内容进行。

表 4-6   油流继电器检修要求

序号	部位	内容	工艺质量要求
1	油流继电器	拆卸	应先打开接线盒,将信号线连接线脱开,拆卸过程中应注意防止挡板变形和损坏
2	挡板	灵活性	从冷却联管上拆下继电器,挡板轴孔、轴承应完好,无明显磨损痕迹,挡板转动应灵活,转动方向与油流方向一致
3	挡板铆接	可靠	挡板应铆接牢固可靠,无松动、开裂
4	弹簧	弹性	返回弹簧应安装牢固,弹力充足
5	指针	与挡板同步性	(1) 指针及表盘应清洁、无灰尘,无锈蚀,转动应灵活无卡滞;转动挡板,主动磁铁与从动磁铁应同步转动,观察指针应同步转动,无卡滞现象。 (2) 如有异常,应卸下端盖、表盘玻璃及塑料圈、固定指针的滚花螺母,取下指针、平垫及表盘,清扫内部,再转动挡板,观察主动磁铁与从动磁铁是否同步,有无卡滞,如仍有异常应更换
6	绝缘试验	绝缘电阻	500V 或 1000V 绝缘电阻表测量各端子对地绝缘电阻值应大于 $1M\Omega$
6	绝缘试验	微动开关动作特性	检查微动开关,用手转动挡板,在原位转动 85° 时,用万用表测量接线端子,微动开关应动作正确
7	油流继电器	复装	(1) 先检查法兰密封面应平整无划痕、无锈蚀、无漆膜,更换密封垫。 (2) 密封面应平行和同心,并使密封垫位置准确,均匀挤压。 (3) 检查挡板挡板转动无阻碍,连接二次电缆应完好,否则进行更换。 (4) 调试和冷却器同时进行

4.6.2 油流继电器异常处置

油流继电器出现异常状况时,若观察到油流继电器出现抖动情况,现场运维人员应及时将现场情况汇报,必要时将冷却器停止运行,投入备用冷却器以保证主变压器冷却器满足运行要求。

4.7 SF₆ 气体密度继电器

SF₆ 气体密度继电器只有在所监测电气设备退出运行时，而且外温度达到平衡后，才能准确测量出 SF₆ 气体的密度值。变压器运行时，如果电力变压器出现 SF₆ 气体泄漏，由于温升的作用，要比变压器退出运行时泄漏更多的 SF₆ 气体，才能够使密度继电器的电触点闭合。

在实际工作中，给电气设备充 SF₆ 气体时，经常有人认为多充些 SF₆ 气体，可以防止发补气和闭锁信号，但若气体的压力充得过高，会减小补气和闭锁信号触发概率，会增加电气设备密封的负担，有可能造成密封损坏，发生漏气现象，所以 SF₆ 充气压力应在额定压力值范围内。

设备在运行中出现 SF₆ 气体密度继电器动作时，要正确判断故障情况，并及时采取相应的措施，可按照以下方法处理：

（1）检查 SF₆ 电气设备的压力表值，测量实际的环境温度，并对照 SF₆ 压力与环境温度的关系曲线图或者现场检漏判定是否漏气。若漏气，需要更换密度继电器。

（2）检查 SF₆ 气体密度继电器的二次电气接线是否存在故障。

（3）检查 SF₆ 气体密度继电器是否存在自身机械传动故障、温度补偿装置故障问题。

4.8 断　流　阀

4.8.1 断流阀运行维护注意事项

（1）断流阀的通径应与变压器气体继电器的通径一致。

（2）断流阀应具备手动复位装置。

（3）断流阀在达到额定流量时应能可靠关闭。

（4）断流阀动作时应能输出接点信号。

（5）断流阀应带有监视窗，能直接观察阀门启闭状况。

（6）断流阀必须能承受与变压器本体相同的真空强度。

4.8.2 断流阀异常处置

排油注氮保护装置动作逻辑关系应为本体重瓦斯保护、主变压器断路器跳闸、油箱超压开关（压力释放阀）、火灾探测器同时动作时才能启动排油充氮保护。若断流阀出现异常时，应及时根据情况进行更换或维修处置。

第5章
电力变压器非电量组件典型故障分析诊断

本章以非电量组件的典型故障缺陷判定进行论述，阐述了非电量组件故障时的处置原则、处置方式，同时也为非电量组件故障后的现场判定、运行维护提供了参考。

5.1　气体继电器

5.1.1　某500kV变电站3号主变压器油流涌动导致气体继电器误动

2013年1月30日04：21：24，某500kV变电站3号主变压器三侧断路器5012、5013、213、313断路器跳闸；××线264断路器B相跳闸，264断路器重合闸成功，未损失负荷。

5.1.1.1　设备基本信息

主变压器气体继电器型号：DN80-MG（意大利）。

投运日期：2005年10月29日。

5.1.1.2　设备运行工况

电网运行情况：500kV和220kV系统为正常方式运行，220kV A、B母线分裂运行；1A、2A母线，1B、2B母线并列运行。

天气情况：轻雾，温度−5℃。

负荷情况：跳闸前3号主变压器负荷为78MW，××线负荷为60MW，跳闸后未损失负荷。

5.1.1.3　现场检查

保护动作情况：××线264保护动作情况：RCS-931保护、PSL-603保护的电流差动及重合闸动作，故障相别为B相，短路电流19.125kA（二次电流7.65A）。××线测距情况：故障录波器测距为0.781km，RCS-931保护测距为0.7km，PSL-603保护测距为0.32km。3号主变压器保护动作情况：CSC-336非电量保护的B相重瓦斯保护动作，3号主变压器三侧短路电流为：高压侧4500A，中压侧9700A，低压侧2000A。

跳闸过程：04：21：24，220kV××线B相接地。46ms后264开关跳开，故障点隔离，220kV母线电压恢复。158ms后，3号主变压器B相重瓦斯保护动作，跳开主变压器三侧开关。830ms后，××线264开关B相重合成功，线路转正常运行。

3号主变压器外观检查无异常，5012、5013、213、313开关三相机械指示在分位。气体继电器集气盒中无气体。跳闸前后，3号主变压器油色谱在线监测数据未发生明显变化。××线264开关三相机械指示在合位，××线设备外观检查无异常，外观无闪络放电痕迹。××线故障点查找中发现，××线号4塔B相绝缘子存在闪络痕迹。

3号主变压器跳闸后进行了试验检查，变压器绝缘油色谱分析、绝缘电阻、铁芯绝缘、直流电阻、绕组变形、三侧绕组电容量、低电压阻抗等试验无异常。

5.1.1.4 原因分析

综合分析认为，造成此次3号主变压器重瓦斯动作的原因为主变压器中压侧在外部线路发生对地放电情况下，绕组中流过较大短路电流，大量漏磁通经过主变压器油箱，油箱在电磁力作用下发生突然收缩，同时，绕组振动幅度加大，造成内部绝缘油压力突变，绝缘油经气体继电器向储油柜方向涌动，超过气体继电器整定值（1.0m/s），导致重瓦斯动作。

5.1.1.5 处置方案

（1）更换气体继电器，同时按照变压器厂家建议，将本台变压器的气体继电器流速由1.0m/s改为1.3m/s。

（2）3号主变压器投入运行后，加强跟踪监测。投运后立即开展一次超高频局放测试。同时按以下周期开展油色谱跟踪分析：前5天每天跟踪一次，6～10天每两天跟踪一次，第13天开始每三天跟踪一次，第19天之后，每5天跟踪一次。连续跟踪1个月。

5.1.2 某500kV变电站3号主变压器气体继电器轻瓦斯信号无法复归

2015年1月16日至18日某500kV变电站3号主变压器检修试验，检修班组在对主变压器三相气体继电器检修过程中发现轻瓦斯信号无法复归，并对气体继电器进行更换。

5.1.2.1 设备基本信息

气体继电器型号：MSAFE-MBR80-16/4。

投运日期：2014年3月。

5.1.2.2 设备运行工况

当前进行检修试验工作，信号传动过程中发现轻瓦斯信号无法复归。

5.1.2.3 现场检查

MR气体继电器为上下双浮球结构，在气体继电器正常工作时，两个浮球均浮起，此时瓦斯信号的干簧接点不闭合，当浮球由于主变压器产生气体或油流速度达到定值而下沉，浮球带动干簧接点闭合，其中干簧接点在气体继电器支撑铜柱中，浮球与干簧接点靠磁铁吸力相连，上浮球为轻瓦斯信号，下浮球为重瓦斯信号，具体如图5-1和图5-2所示。

图 5-1 正常状态

图 5-2 异常状态

5.1.2.4 原因分析

将 3 号主变压器拆下的 MR 气体继电器浸入油中,此时轻瓦斯浮球不上浮,用外力慢慢抬起轻瓦斯浮球,浮球在某一位置突然自己上浮,再用外力慢慢下压轻瓦斯浮球,浮球在上述一位置突然自己下沉,且在浮球未自己下沉时干簧接点已闭合。

分析原因,MR 气体继电器浮球与干簧接点之间通过磁铁吸力相连,在浮球上浮或下沉过程中,磁铁吸力随着浮球与干簧接点间距离的变化而变化。当轻瓦斯浮球在最低位置时,浮球与干簧接点距离较近,之间的磁铁吸力较大,即使浮球浸没在油中,磁铁吸力也大于浮球浮力,浮力也无法将浮球浮起,用外力抬起浮球过程中,浮球与干簧接点间距离变大而使它们之间吸力变小,当浮球浮力大于磁铁吸力时浮球自己上浮,同理用外力下压浮球时浮球会自己突然下沉。而重瓦斯浮球由于有限位,浮球与干簧接点之间位置较远,使得磁铁吸力小于浮球浮力,不足以影响重瓦斯浮球正常动作。

5.1.2.5 处置方案

鉴于 3 号主变压器三相气体继电器均发生轻瓦斯浮球不上浮情况,对所辖变电站 500kV 主变压器的 MR 的气体继电器进行更换,并将此问题定为家族缺陷,通知厂家进行整改。

5.1.3 某 1000kV 变电站 1 号主变压器 C 相调补变气体继电器集气盒爆裂

2017 年 4 月 19 日 08:28,某 1000kV 特高压站运行人员巡视过程中发现 1000kV 1 号主变压器 C 相调补变集气盒玻璃窗破损漏油,缺陷性质定为严重。

2017 年 4 月 19 日 11 时，专业人员抵达现场检查 1000kV 1 号主变压器 C 相调补变气体继电器集气盒，检查发现该集气盒玻璃破碎，玻璃碎片向外凸起，集气盒内油已漏完，需要更换新的集气盒。更换新的集气盒后放气后缺陷消除，设备正常可以继续运行。

5.1.3.1 设备基本信息

设备型号：ODFPS-1000000/1000。

出厂日期：2016 年 8 月。

投运日期：2016 年 11 月。

上次停修时间及进行工作：2016 年 11 月 21 日（首检式验收）。

5.1.3.2 设备运行工况

设备发生故障前正常运行。

5.1.3.3 现场检查

检查为该集气盒玻璃向外隆起破碎，起爆点位于玻璃视窗下部，裂纹呈放射状，起爆点玻璃裂纹呈现典型的蝴蝶纹，是典型的玻璃自爆特征。

5.1.3.4 原因分析

集气盒玻璃中存在硫化镍金属颗粒，在温度升高时，硫化镍金属颗粒体积变化，使钢化玻璃自爆破裂。

5.1.3.5 处置方案

关闭气体继电器放气阀门后，更换新的集气盒，打开气体继电器放气阀，在集气盒处多次重复放气后缺陷消除。

该主变压器调补变于 2016 年 11 月投运，运行仅 5 个月，集气盒玻璃出现自爆现象，属于设备自身质量缺陷。针对此类气体继电器玻璃破损的主要措施为：加强现场巡视，如发现玻璃表面出现裂纹及时上报；加强备件管理，做好备件储备工作，出现损坏及时更换。

5.1.4 某 500kV 变电站 3 号主变压器 C 相排油注氮装置故障

2019 年 12 月 9 日 13：03，某 500kV 变电站监控机发信号：3 号主变压器保护本体轻瓦斯 C 相位置状态由"返回"变"动作"，非电量保护 RCS-974 FG 本体轻瓦斯"光字牌"灯亮。综合保护小室内 3 号主变压器 978 分相差动及非电量保护屏本体轻瓦斯"报警"灯亮。

现场排查了主变压器负压区渗漏油情况、呼吸器呼吸情况和排油注氮系统密封情况。发现主变压器无负压区渗漏油情况、无呼吸器阻塞情况，怀疑主变压器排油注氮系统密封不良导致氮气进入气体继电器引起轻瓦斯动作。现场利用取气盒对气体继电器内气体进行了取气，收集无色透明气体 300mL，同时对主变压器本体进行取样试验。

缺陷可能造成的后果：主变压器轻瓦斯动作需及时确定气样成分和油样成分，如气体是由主变压器内部故障产生，不及时切除会导致主变压器跳闸。

5.1.4.1 设备基本信息

设备型号：ODFS-334000/500。

出厂日期：2009 年 10 月。

投运日期：2011 年 6 月。

上次检修日期：2015 年 1 月（例行试验）。

氮气瓶阀型号：XF-1B。

5.1.4.2 设备运行工况

设备故障前正常运行。

5.1.4.3 现场检查

2019 年 12 月 9 日，运维人员对 3 号主变压器 C 相气体继电器进行了检查，发现气体继电器内部有液面差，气体继电器轻瓦斯正确动作。检修主变压器散热片负压区无渗漏油。检查主变压器顶部无渗漏油情况。拆下呼吸器油杯，呼吸器呼吸孔未堵塞。利用集气盒进行了集气，集气盒内气体达到 300mL，气体无色透明，无气味。

现场对主变压器顶部高、中、低、中性点套管升高座放气塞进行放气，未发现气体排出；对散热器顶部汇流管放气塞进行放气，未发现气体排出；对排油注氮系统进行检查，氮气瓶压力为零，电磁阀门、注氮阀门均处于关闭状态；对注氮管路顶部放气塞进行放气。放出大量气体，放气时间持续约为 5min。

气体继电器内积气情况如图 5-3 所示，散热片顶部负压区无渗漏油如图 5-4 所示，散热片顶部负压区无渗漏油如图 5-5 所示，变压器顶部南侧无渗漏油如图 5-6 所示，变压器顶部北侧无渗漏油如图 5-7 所示，呼吸器未堵塞如图 5-8 所示，

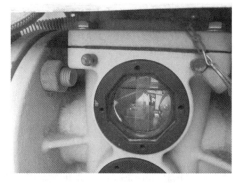

图 5-3 气体继电器内积气情况

图 5-4 散热片顶部负压区无渗漏油

排油注氮系统管路放气如图 5-9 所示。

图 5-5　散热片顶部负压区无渗漏油

图 5-6　变压器顶部南侧无渗漏油

图 5-7　变压器顶部北侧无渗漏油

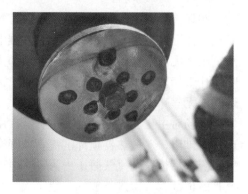

图 5-8　呼吸器未堵塞

图 5-9　排油注氮系统管路放气

对取气气样进行分析，未检出烃类气体，检测氮气氧气含量比为 5∶1（正常空气约为 2.26∶1）。主变压器本体取油样分析，油样测试结果正常，未检出乙炔等特征气体。

5.1.4.4　原因分析

（1）主变压器油样、气样未检出乙炔等特征气体，排除了主变压器内部绝缘故障引起的轻瓦斯动作。

（2）主变压器气体继电器内排出 300mL 气体且呼吸口未堵塞，排除了气体继电器内真空造成的轻瓦斯动作。

（3）主变压器负压区未发生渗漏油情况，且气样检测氮气氧气含量比超过空气的氮气氧气比，说明瓦斯内气体为氮气。

（4）对排油注氮系统的注氮管路进行排气，排出大量气体说明排油注氮密封不良导致的主变压器进气。

综上，判断 XX 站 3 号主变压器 C 相气体继电器轻瓦斯动作原因为排油注氮系统密封不良导致氮气进入主变压器，气体在瓦斯内积存，造成轻瓦斯动作。

排油注氮系统注氮部分的组成如图 5-10 所示，本次缺陷中出现密封不良的部位为氮气瓶阀，如图 5-11 所示。

图 5-10　排油注氮系统的注氮部分

图 5-11　氮气瓶阀

如图 5-11 所示，阀门下部安装在氮气瓶上，左侧安装电磁阀，上部安装压力表监测压力，右侧连接减压阀通向主变压器注氮管路。

该阀结构中阀芯是实现对右侧管路密封的重要组件。与阀体接触的瓶阀内腔上有凹槽，凹槽连通氮气瓶和上部的压力表。阀芯右侧通过胶垫与注氮管路相连，由于阀芯与瓶阀内腔是硬接触，所以高压气体也可以传递到阀芯两侧，因阀芯左右两侧气体接触部位不同，左侧作用于整个面，右侧仅施加在外圈的边缘，所以在左侧气压的作用下，阀芯紧贴右侧管路出口，通过氮气瓶压力保持密封，且当气瓶压力小于 1MPa 时，会导致密封不严，气体进入注氮管路。

正常动作时，左侧电磁阀刺破金属薄膜，阀芯左侧压力突降，阀芯右侧的气压瞬间压缩弹簧将阀芯推向左侧，并密封住金属薄膜，同时打开阀芯与右侧管路的密封，氮气注向主变压器。

氮气瓶上连接压力表，仅用生料带缠在螺纹上保持密封，难以保持气瓶 (14 ± 1) MPa 压力，导致缓慢气体泄漏，压力最终低于 1MPa，注氮管路密封失效，氮气进入注氮管路。

综上，氮气瓶压力不足是导致瓶阀密封不良原因。

5.1.4.5　处置方案

（1）对三相排油注氮系统的注氮管路进行长时间排气，A、B相未排出气体，C相排出大量气体。

（2）对C相主变压器顶部5个套管升高座放气塞、8个散热器汇流管顶部放气塞进行多次重复排气，对气体继电器、储油柜集气室充分排气。

（3）修订排油注氮系统维护标准作业卡，将注氮管路排气列入标准工序，排气周期为一季度一次。

5.1.5　某500kV××线C相高压电抗器气体继电器二次端子短路

5.1.5.1　设备基本信息

设备型号：BKD-50000/500。

生产日期：2020年9月1日。

投运日期：2021年6月9日。

5.1.5.2　设备运行工况

正常运行。

5.1.5.3　现场检查

（1）检查气体继电器外观完好，防雨罩完好，接线盒无进水受潮情况，继电器内部无气体产出，重瓦斯挡板未动作。500kV××线高压电抗器C相气体继电器内部无气体如图5-12所示。

图5-12　500kV××线高压电抗器C相气体继电器内部无气体

（2）将气体继电器二次接线盒打开后，用万用表测量43、44端子间（第二对重瓦斯跳闸节点）导通，第一对重瓦斯跳闸节点和两对轻瓦斯告警节点均不导通。500kV××线高压电抗器气体继电器接线端子如图5-13所示。

图 5-13　500kV ××线高压电抗器气体继电器接线端子

（3）测量高压电抗器 C 相气体继电器至智能控制柜间电缆芯绝缘电阻，未见异常。

（4）对某 500kV ××线高压电抗器 C 相本体开展油色谱试验分析，数据未见异常。

（5）将高压电抗器 C 相气体继电器拆下后，对异常继电器进行解体分析，发现继电器内部的 43 端子接线与 44 端子接线柱紧密接触，接线绝缘外皮有破损，存在放电现象（43-44 端子为第二对重瓦斯跳闸节点）。43-44 端子间加压试验如图 5-14 所示，接触放电接线端子如图 5-15 所示，气体继电器 43 端子接线绝缘外皮破损如图 5-16 所示。

（6）用绝缘电阻测试仪 1000V 挡位，测量某 500kV ××线高压电抗器 A、B 相和中性点电抗器的气体继电器各端子之间及端子对地绝缘电阻，结果均大于 11GΩ（满量程 11GΩ），测试结果正常。

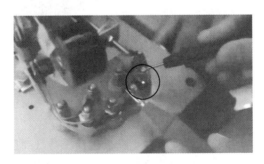

图 5-14　43-44 端子间加压试验

5.1.5.4　原因分析

通过检查和试验分析，某 500kV ××线 C 相高压电抗器本体内部无故障，重瓦斯保护动作原因为：高压电抗器 C 相气体继电器内部 43 端子接线与 44 端子接线柱紧密接触，且 43 端子接线外皮绝缘有破损，造成重瓦斯 43-44 跳闸节点异

图 5-15　接触放电接线端子

图 5-16　气体继电器 43 端子接线绝缘外皮破损

常导通，重瓦斯保护动作跳闸。初步判断接线绝缘破损原因是在安装接线时用力过大或接线柱固定不牢靠，导致内部接线随接线柱旋转，摩擦破损。

5.1.5.5　处置方案

（1）规范气体继电器验收管理。对于新投运变压器（高压电抗器）的气体继电器现场安装前后，必须进行绝缘强度试验，结果应满足 DL/T 540—2013《气体继电器检验规程》、DL/T 995—2016《继电保护和电网安全自动装置检验规程》要求。

（2）加强气体继电器运维管理。严格按照 DL/T 540—2013《气体继电器检验规程》规定的检验周期开展例行试验，对于瓦斯、油流等继电器的绝缘检查应用 1000V 绝缘电阻表测量电缆每芯对地及对其他各芯间的绝缘电阻，确保其绝缘电阻不小于 1MΩ。

（3）强化非电量保护全过程管理。对处于竣工验收、运行阶段的变压器开展强油循环冷却器全停跳闸、油温高跳闸、绕温高跳闸等非电量保护接点的绝缘强度检查，确保此类继电器安全可靠运行。

5.2 压 力 释 放 阀

5.2.1 某 500kV 变电站 1 号站用变压器有载调压压力释放跳闸动作和直流接地

2015 年 8 月 24 日 18：30，某 500kV 变电站监控机报"1 号站用变保护测控有载调压压力释放跳闸动作"，现场检查 6626 断路器智能终端控制柜"非电量跳闸""开关压力释放"灯亮，20min 后监控机报"Ⅰ段直流馈线绝缘继电器报警动作"，6min 后"Ⅰ段直流馈线绝缘继电器报警 动作"信号复归，缺陷性质定为严重。当晚变电站所属地区中雨。

2015 年 8 月 25 日 09：30，运维人员到达现场后对 1 号站用变有载调压压力释放器进行检查，发现压力释放器二次线引出盒处受潮，经干燥处理后，缺陷消除，设备可以继续运行。

缺陷可能造成的后果：直流系统如果多点接地，有可能引起信号误动，继电保护及自动装置，断路器的误动作或拒动作，有可能造成直流电源短路，引发电力系统严重故障乃至事故。

5.2.1.1 设备基本信息

设备型号：YSF4Ⅱ-85/55KJBTH。

生产日期：2012 年 4 月。

投运日期：2013 年 7 月 3 日。

上次停修时间及进行工作：2014 年 4 月 1 日（停电检修）。

5.2.1.2 设备运行工况

设备故障前正常运行。

5.2.1.3 现场检查

运维人员到达现场后，监控机报警信号已经复归，且监控机只报一次直流接地信息，信息复归后没有再报直流接地信息，但有载调压压力释放跳闸动作信号多次报出，报出信号后也复归。

对有载调压压力释放器二次线进行检查，压力释放器的一对动合触点的两根线连接到本体端子箱，在站用变压器本体端子箱处对二次线进行摇绝缘检查，两根线对地绝缘良好，但两根线之间绝缘为 0，用万用表测量之间电阻，电阻为

10kΩ，绝缘值不符合要求（二次电缆要求绝缘大于 1MΩ）。

检查压力释放器本体，如图 5-17 所示。压力释放器已经加装防雨措施，顶部防雨良好，观察没有受潮痕迹，二次线引出处用绝缘脐带缠绕，密封良好，但二次线引出盒与压力释放连接处密封不严，导致受潮。

图 5-17　压力释放阀

5.2.1.4　原因分析

由于 08 月 24 日晚上大雨，使得有载调压开关压力释放器二次线引出盒处受潮，接点导通，从而使得监控机报有载调压压力释放跳闸动作信号，且接点受潮较严重，而直流接地信号是由于二次线与压力释放器外壳之间受潮，且受潮情况较轻，所以只报了一次信息，且信号复归后不再发出。

5.2.1.5　处置方案

对有载调压压力释放器转换开关处进行干燥密封处理。加强压力释放器的管理工作，对压力释放器转换开关处进行密封检查。

5.2.2　某 500kV 变电站 2 号站用变压器压力释放阀二次接点绝缘不良

2016 年 7 月 15 日 04：30，某 500kV 变电站上报严重缺陷，监控机频繁报：
"2 号站用变 RCS9621 保护压力释放开入动作""2 号站用变 RCS9621 保护压力释放开入复归"，"35kV 2 号站用变 3236 压力释放动作"，"35kV 2 号站用变 3236 压力释放复归"，每次间隔约 2min。

2016 年 7 月 15 日 14 时专业班组到达现场，对设备进行检查，发现为 2 号站用变压器压力释放阀未动作，对压力释放阀二次回路进行测试，发现对地绝缘合格，接点绝缘为 0，判断缺陷原因为压力释放阀二次接点损坏。将二次接点更换，并进行绝缘测试，绝缘合格，报警信号消除，缺陷消除，设备可以继续运行。

缺陷可能造成的后果：压力释放阀接点损坏，信号无法正确发出，导致如果站用变压器发生故障，不能正确报警，故障继续扩大，危急站用变压器正常运行。

5.2.2.1　设备基本信息

设备型号：SZ9-1000/35。

生产日期：2005 年 12 月。

投运日期：2006 年 6 月 8 日。

上次停修时间及进行工作：2014 年 8 月 26 日（站用变压器传动，非电量加装防雨罩）。

5.2.2.2　设备运行工况

设备故障前正常运行。

5.2.2.3　现场检查

现场检查，发现为 2 号站用变压器压力释放器未动作，对压力释放阀二次回路进行测试，发现对地绝缘合格，接点绝缘为 0。

5.2.2.4　原因分析

根据现场检查情况，判断缺陷原因为压力释放阀二次接点损坏。

5.2.2.5　处置方案

（1）将二次接点更换，并进行绝缘测试，绝缘合格，报警信号消除，缺陷消除，设备可以继续运行。

（2）停电检修时站用变压器非电量绝缘进行检查，发现隐患及时处理。加强备件管理工作，保证备品备件充足。

5.2.3　某 500kV 变电站 2 号主变压器 B 相压力释放阀顶杆处进水受潮

2016 年 7 月 21 日 06：22，某 500kV 变电站上报严重缺陷，监控机报："2 号主变压器 B 相本体压力释放告警动作"，现场检查 2 号主变压器 B 相本体智能终端本体压力释放告警灯亮，2 号主变压器 B 相本体未见明显异常。

2016 年 7 月 21 日 11 时运维人员到达现场，对设备进行检查，主变压器两个压力释放器顶杆均未顶起，主变压器周围没有油迹。对压力释放器 2 接点进行绝缘测试，正电对地绝缘 2MΩ，接点绝缘为 0，7 月 20 日大雨，由此判断原因为压力释放接点受潮，对压力释放器接点进行干燥并密封后，报警信号消除，缺陷消除，设备可以继续运行。

缺陷可能造成的后果：压力释放阀接点受潮，信号无法正确发出，导致如果主变压器发生故障，不能正确报警，故障继续扩大，危急主变压器正常运行。

5.2.3.1　设备基本信息

设备型号：ODFS-250000/500。

生产日期：2015 年 4 月。

投运日期：2015 年 12 月 12 日。

上次停修时间及进行工作：2016 年 4 月 20 日（渗油缺陷消缺）。

5.2.3.2 设备运行工况

正常运行。

5.2.3.3 现场检查

对设备进行检查，主变压器两个压力释放阀顶杆均未顶起，主变压器周围没有油迹，对接点进行绝缘测试，发现压力释放器 2 接点接通，对该接点进行绝缘测试，其中正电对地绝缘 2MΩ，接点绝缘为 0。

图 5-18　压力释放器防雨情况

5.2.3.4 故障原因分析

7 月 20 日，该地区大到暴雨，2 号主变压器压力释放器安装有防雨措施，但防雨措施不完善，如图 5-18 所示。

压力释放阀二次转接排有防雨措施，且防雨良好，但顶杆处无防雨罩，在顶杆与压力释放阀本体搭接位置只有胶皮接触，雨水可从此处进入压力释放阀内部并顺着顶杆往下流，而接点在顶杆处，进而使接点受潮、导通，最后发出压力释放阀动作信号。

5.2.3.5 故障处置方案

对压力释放阀接点进行干燥处理，并用密封胶将压力释放器顶杆指示处密封，雨水无法进入压力释放器内部。待停电时再增加防雨罩。加强备件管理工作，保证备品备件充足。

5.2.4 某 500kV 变电站 0 号站用变压器压力释放阀二次端子受潮导通

2014 年 7 月 29 日 17：08，某 500kV 变电站 35kV 0 号站用变压器 3600 开关跳闸，监控显示"本体压力释放跳闸"，当时天气：小雨。

当日 18：10，检修人员到达变电站，当时天气阴，检查发现 0 号站用变压器本体压力释放阀机械指示未动作，站用变压器本体无溢油，本体及调压开关气体继电器内无气体，本体端子箱未受潮。检查压力释放阀发现二次端子受潮，接点间电阻约为 0.8kΩ，分析认为压力释放阀二次端子受潮导通，造成误动是此次故障发生的原因，并对 0 号站用变压器取油进行色谱分析。

5.2.4.1 设备基本信息

型号：SZ11-1000/35。

生产日期：2012 年 11 月。

投运日期：2013 年 6 月 29 日。

上次检修时间：投运后未检修，计划 2014 年 11 月首检。

压力释放阀信息：型号为 YSF4Ⅱ-55/50KJBTH；生产日期为 2012 年 6 月。

5.2.4.2 设备运行工况

设备故障前正常运行。

5.2.4.3 现场检查

检查发现 0 号站用变压器本体压力释放阀机械指示未动作，站用变压器本体无溢油，本体及调压开关气体继电器内无气体。检查本体端子箱内干燥、洁净。

对本体二次线进行绝缘测试，发现压力释放阀二次线对地绝缘电阻为 5MΩ（二次电缆要求绝缘大于 1MΩ），检查接点间绝缘，发现一对动合触点间绝缘仅为 0.8 kΩ，基本处于导通状态。

进一步将压力释放阀接线盒打开，测试接线盒至站用变压器本体端子箱电缆绝缘，良好无异常。检查压力释放阀接线盒绝缘，动合触点处于导通状态。如图 5-19 和图 5-20 所示。

图 5-19 压力释放阀至本体二次线绝缘良好　　图 5-20 压力释放阀二次接线端子内部受潮

由此分析缺陷原因为压力释放阀内部受潮造成动合触点导通，发跳闸信号，站用变压器本体应无故障。

5.2.4.4 原因分析

（1）压力释放阀内部结构。内部结构如图 5-21 所示，微动开关如图 5-22 所示。

由图 5-21 和图 5-22 可见，压力释放阀基本原理为图中黑色弹簧压住膜片保持站用变压器本体密封及开闭压力。膜片动作后，顶起图中红色信号杆向上运动，信号杆带动微动开关发出闭合、开启信号。压力释放阀动作示意图如图 5-23

所示。

　　根据缺陷情况，判断本次跳闸的直接原因为变电站 35kV 0 号站用变压器本体压力释放阀内部受潮误动导致跳闸。

图 5-21　内部结构

图 5-22　微动开关

图 5-23　压力释放阀动作示意图

分析怀疑内部受潮原因为在降雨天气下，雨水沿信号杆进入微动开关内部造成接点导通。由内部结构图可见，微动开关内部受潮后并不会造成对地绝缘的降低，因此未发接地告警信号。

　　（2）压力释放阀有一对动合触点接入二次回路，查阅站用变压器保护定值，要求压力释放接入跳闸。

5.2.4.5　暴露问题

　　（1）对于站用变压器压力释放阀是否接入跳闸，没有明确规程规定。仅 DL/T 572—2021《电力变压器运行规程》中 5.3.3 中提到，变压器的压力释放阀接点宜作用于信号。考虑到站用变压器低压侧变比较大（一般为 1600/5），电量保护电流较低，为提高站用变压器整体保护的可靠性，确保发生异常能及时跳闸，将站用变压器非电量保护（本体重瓦斯、调压开关重瓦斯、本体压力释放、调压开关压力释放）全部投入跳闸。

　　（2）设备制造工艺不良，不满足相关规程要求。

　　（3）对释放阀外壳防护等级应符合 IPX5 的要求，即用水冲洗应无任何伤害。本次故障检查阀体外部二次接线密封及绝缘良好，判断阀体内部制造工艺不满足规程要求，造成仅在小雨的情况下发生内部受潮短路。

5.2.4.6 处置方案

（1）考虑到当前情况，计划待施工工作结束后安排对该站用变压器进行停电检修试验，做进一步详细检查，针对当前设备进一步加强巡视，重点关注压力释放状态。

（2）加强压力释放阀等直接接入跳闸的非电量装置管理工作，进一步检查、落实防雨、防潮措施。

5.3 油 位 计

5.3.1 某 1000kV 特高压站××线 C 相高压并联电抗器油位异常

2018 年 6 月 27 日，某 1000kV 特高压站试运行期间，运维人员在巡视中发现××线 1000kV 高压电抗器 C 相呼吸器出现渗漏油现象，渗漏油从呼吸器管流出，怀疑胶囊内部有油，随即上报缺陷，将高压电抗器转检修进行检查处理。停电后检查发现胶囊内部有少量残油，胶囊充气不充分，充气检查胶囊密封良好。

5.3.1.1 设备基本信息

设备型号：BKDF-240000/1000。

出厂日期：2016 年 6 月。

投运日期：2017 年 8 月 14 日。

上次检修试验时间：无。

5.3.1.2 设备运行工况

新投运试运行阶段。

5.3.1.3 现场检查

5 月 27 日 1000kV××线路试运行 24h 期间，运维人员在巡视过程中发现高压电抗器 C 相呼吸器油杯处有变压器油流出，检查油是从呼气器上部管路流下，怀疑胶囊内部进油，在高温下，油位上升，胶囊内的油被挤出。现场检查油位近一段时间未发生明显变化。随即上报缺陷，申请将主变压器转检修。

××线高压电抗器 C 相如图 5-24 所示，呼吸器渗漏油情况如图 5-25 所示。

6 月 28 日高压电抗器转检修，运维人员与厂家技术人员现场检查，发现高压电抗器胶囊整体完好，底部均匀漂浮在油面上，没有发生下沉，底部有少量残油，胶囊没有完全鼓起，充气不充分，如图 5-26 所示。测量储油柜内油面与油位计指示一致，没有出现假油位，如图 5-27 所示。

对胶囊重新充气进行试漏，胶囊正常展开，并能将储油柜油排挤出，证明胶囊完好无破损，保持 12h，现场检查胶囊仍为正常完全展开，完全贴合储油柜内壁，内部没有发现新油迹。证明胶囊完好，无破损漏气现象。

图 5-24 ××线高压电抗器 C 相   图 5-25 呼吸器渗漏油情况

图 5-26 电抗器胶囊没有完全充气，底部没有油迹

5.3.1.4 原因分析

根据现场情况分析认为本次呼气器渗漏油的原因为：胶囊内部有少量残油，且胶囊在储油柜内没有完全展开，储油柜内部有空气，近期气温较高，储油柜油位升高，呼气器呼吸频繁，导致胶囊底部残油从呼吸器流出，现场已经将残油排放干净，胶囊重新充气，并试漏完成，设备已恢复正常。

5.3.1.5 故障处置方案

做好同类设备检查工作，设备投运前注意检查胶囊是否完全充气，要求厂家做好安装工艺控制，胶囊内部有无残油，确保不发生类似缺陷。

图 5-27　胶囊安装孔下部有少量油迹

5.4　变压器用温控器

5.4.1　某 500kV 变电站××线 B 相高压并联电抗器绕组温度计机械部件损坏

2018 年 9 月 3 日 19：00，××站上报严重缺陷：××线高压电抗器 B 相绕组温度监控机显示 198.98 度，现场绕组温度计指针在无刻度区域，不能正确监测绕组温度（用红外测温仪检测本体温度 A 相 52℃，B 相 53℃，C 相 52℃）。2018 年 9 月 4 日 12：30，运维人员到达现场，对××线高压电抗器 B 相绕组温度计进行检查，检查发现 B 相绕组温度计机械部件中的弹性元件损坏，损坏后与其相连的指针无法正确指示温度，且此弹性元件无法修复，更换新的绕组温度计后，设备缺陷消除。

缺陷可能造成的后果：值班人员无法监控高压电抗器绕组温度，不能及时发现绕组温度异常问题。

5.4.1.1　设备基本信息

设备型号：BKD-40000/500。

生产日期：2004 年 2 月 1 日。

投运日期：2005 年 3 月 1 日。

上次停修时间及进行工作：2013 年 10 月 19 日（检修预试）。

5.4.1.2　设备运行工况

正常运行。

5.4.1.3　故障现场检查

到达现场后，对××线高压电抗器 B 相绕组温度计进行检查，其交流电源电压正常，测量远传接点输出电流为 20mA，温高报警直流信号电源电压正常。然后打开表盘，调节指针时发现此绕组温度计的机械部件中的弹性元件损坏，如图 5-28 和图 5-29 所示。

图 5-28　现场指针指示情况

图 5-29　损坏的弹性元件

5.4.1.4　故障原因分析

BWR-04DIII 系列变压器温度控制器，主要由弹性元件、毛细管、温包和微动开关组成。当温包受热时，温包内感温介质受热膨胀所产生的体积增量，通过毛细管传递到弹性元件上，使弹性元件产生一个位移，这个位移经机构放大后指示出被测温度并带动微动开关工作，由于此绕组温度计使用时间已长，存在老化现象，弹性元件装置损坏失灵，造成绕组温度计指针无法正确指示温度，出现指针在无刻度区域的现象。

5.4.1.5　故障处置方案

将损坏的绕组温控器拆除，清理绕组温度计探头底座后安装新的绕组温度计，并对新安装的绕组温度计进行密封及调试，调试后，指针指示温度与现场绕组实际温度以及监控机显示温度一致，缺陷消除，设备正常。

5.4.2　某 500kV 变电站 3 号主变压器 B 相绕组温度计内部故障

2018 年 11 月 7 日，某 500kV××变电站全停预试期间，二次运检五班、变电检修三班检修人员进行 3 号主变压器 B 相风冷系统传动时，发现 3 号主变压器 B 相中压侧 TA 二次升流启动风冷系统只能加到 2.0A 电流而无法升到启动电流（3.5A）。

变压器、交直流专业人员对回路整体进行了检查后发现，绕组温度计中的补偿加热电阻阻值变化较大，存在问题。

缺陷可能造成的后果：该绕组温度计的补偿加热电阻串联接入变压器 TA 回路，在长时间电流作用下可能会造成发热甚至接线烧断，造成主变压器中压侧 TATA 圈冲击甚至主变压器跳闸，引起火灾事故，危及变压器正常运行。

5.4.2.1 设备基本信息

设备型号：ODFS-334000/500。

生产日期：2015 年 4 月 1 日。

投运日期：2017 年 2 月 20 日。

5.4.2.2 设备运行工况

停电检修预试。

5.4.2.3 故障现场检查

检修人员对 TA 二次升流启动风冷回路中各元器件进行逐个检查，发现串联入该回路的绕组温度计补偿加热电阻由正常状态下的 1Ω 增加到了 5Ω，由此判断温度计中补偿加热电阻存在问题。随后将温度计拆开进行仔细查找，发现连入该加热电阻线圈的导线绝缘已烧焦。

5.4.2.4 故障原因分析

绕组温度计补偿加热电阻作用是将 TA 采集到的变压器中压侧电流（0～4A）通过该电阻时发热，对温度计的液包进行加热，产生对绕组温度的补偿。该加热电阻由正常状态下的 1Ω 增加到了 5Ω，判断内部已经出现部分断线，导致过流截面减小，阻值增大。由于 TA 产生的电流相等于恒流源输出，补偿加热电阻发热量增加（$Q=I^2RT$），长时间作用下致使外绝缘皮烧焦。

5.4.2.5 处置方案

更换合格的绕组温度计，并利用检修机会对本次停电的全部 6 台主变压器的 TA 二次升流启动风冷回路进行仔细检查，尤其是各温度计的补偿加热电阻测量，设备均处于正常状态。

（1）加强运行中的变压器绕组温度计的巡视工作发现后台数据显示异常的情况应及时排查问题。

（2）对所辖变压器 TA 回路情况进行梳理，应重点关注老旧、新投运设备的回路情况，对回路中串联元件多、接线较多的设备进行检查。

（3）加强备件管理工作，保证备品备件充足。

5.5 变压器用冷却系统

5.5.1 某500kV变电站2号主变压器C相冷却器热电偶误动故障

2016年2月14日8时，某500kV变电站上报严重缺陷：巡视发现2号主变压器C相第二组工作冷却器故障，第一组备用冷却器投入，现已将第三组冷却器切至工作、第一组冷却器切至备用、第二组冷却器切至停止位置。

2016年2月14日13时运维人员到达现场，对设备进行检查，发现为2号主变压器C相第二组散热器油泵热电偶继电器跳闸，对油泵进行测量，线圈直流电阻三相互差不超过2%，1000V绝缘电阻表测量电机定子绕组绝缘电阻大于1MΩ，油泵试验合格。经与站上值班人员沟通，该组冷却器跳开为冷却器切换时，合上热电偶继电器并观察0.5h后设备无异常，判断热电偶继电器跳开原因为油泵启动涌流造成，缺陷消除。

缺陷可能造成的后果：第二组不能正常工作的情况下，另外两组若出现故障不能正常工作，则会导致2号主变压器C相无法正常散热，使C相温度异常上升，危及变压器正常运行。

5.5.1.1 设备基本信息

设备型号：ODFPSZ-250000/500。

生产日期：1999年10月1日。

投运日期：2000年7月5日。

上次停修时间及进行工作：2011年9月25日（例行检修试验）。

5.5.1.2 设备运行工况

正常运行。

5.5.1.3 故障现场检查

运维人员现场检查发现为2号主变压器C相第二组散热器油泵热电偶继电器跳闸，对油泵进行测量，线圈直流电阻三相阻值相差均不超过2%，采用1000V绝缘电阻表测量电机定子绕组绝缘电阻大于1MΩ。与现场运维人员沟通，该组冷却器在冷却器切换时跳开热电偶继电器，重新合上热电偶继电器并观察半小时，设备无异常。

5.5.1.4 故障原因分析

根据现场情况及跳闸时间点分析，判断造成该缺陷的原因为：风冷切换时油泵涌流过大导致热电偶继电器误动。

5.5.1.5 故障处置方案

对油泵线圈直流电阻等试验项目开展测量，线圈直流电阻三相互差不超过

2%，1000V 绝缘电阻表测量电机定子绕组绝缘电阻大于 1MΩ，油泵试验合格。检查热电偶继电器动作整定值符合要求，合上热电偶继电器后油泵启动顺畅，运行无异响，试运行 30min 运行正常，缺陷消除。

5.5.2　某 500kV 变电站 3 号主变压器 B 相风冷控制箱工作电源故障

2017 年 4 月 15 日 11：56，某 500kV 变电站上报危急缺陷，监控机报：3 号主变压器冷却器 B 相 II 电源故障动作，3 号主变压器冷却器 B 相 II 工作电源故障光字亮，现场检查 3 号主变压器 B 相冷却器 KMM2 交流接触器无法吸合。将冷却器切至工作电源 I 后，冷却装置正常运行。

5.5.2.1　设备基本信息

设备型号：ODFPS-250000/500。

生产日期：2007 年 4 月 1 日。

投运日期：2007 年 5 月 31 日。

5.5.2.2　设备运行工况

正常运行。

5.5.2.3　故障现场检查

现场情况为 3 号主变压器 B 相风扇在自动挡位下运转，I 电源工作正常，II 电源断相继电器亦无故障指示。

手动打到 II 电源，交流接触器 KMM2 触头不吸合，且回路自动跳到 I 电源。测量 II 电源断相继电器上下口电压均为 380V，判断 II 电源断相继电器工作正常。现场检查 II 电源自动控制回路中间继电器 K2 的常开触点 K2 闭合。拉开 3 号主变压器 2 号动力电源箱 B 相 II 电源空开，手动按压 KMM2 传动机构强制接通 KMM2 常开触头后，经检查上口仍未带电。断开 II 电源后测量交流接触器线圈电阻，测得线圈开路。判断为交流接触器 KMM2 内部线圈或主触点损坏。

故障接触器如图 5-30 所示。

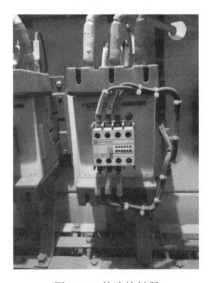

图 5-30　故障接触器

5.5.2.4　故障原因分析

根据现场情况分析，判断造成该缺陷的原因为：交流接触器 KMM2 损坏。对换下来的坏交流接触器进行拆解后发现其内部电路板灼烧损坏，线圈塑料支架受热变形，导致动触头行程受阻，主触头在手动按压接触器传动机构时也无法闭合。测量交流接触器线圈电阻，从线圈首端尾端测量其电阻为无穷大，线圈内部出现断点，以致无法吸合触头。

本章主要介绍了油浸式电力变压器的气体继电器、压力释放阀、油压突变继电器、油面温控器、绕组温控器、油位计等非电量组件的性能检测、验收及定值整定要求等内容。

6.1　电力变压器非电量组件技术监督要点

6.1.1　电力变压器非电量组件性能一般要求

6.1.1.1　气体继电器

（1）变压器本体瓦斯保护使用的气体继电器，同时应含反映油中故障产生气体的轻瓦斯动作功能和反映油流速动作的重瓦斯功能，本体气体继电器应选用浮筒（球）挡板式结构。采用排油注氮保护装置的变压器采用具有联动功能的双浮球结构的气体继电器。重瓦斯动作于跳闸，轻瓦斯动作于信号。

（2）气体继电器两侧均应安装蝶阀，便于气体继电器的检查与维护。

（3）气体继电器应结合变压器停电进行定期校验，校验宜采用轮换方式。

（4）变压器正常运行时，本体轻瓦斯应投信号，本体和有载分接开关重瓦斯应投跳闸。变压器在运行中进行油处理、更换油泵、打开放气阀、调整油位以及开关呼吸器阀门时，作用于跳闸的重瓦斯宜改接信号。若需长期（超过 48h）退出重瓦斯跳闸，应先制定安全措施，并经运维单位总工程师或分管生产领导批准，限期恢复。

（5）油中熄弧的有载开关宜采用油流控制继电器保护或带重瓦斯的气体继电器（不带轻瓦斯接点）；油浸式真空有载开关可使用气体继电器保护，宜带轻瓦斯接点，且为挡板式结构。继电器动作（带动作记忆）后必须通过手动才能复位。

（6）气体继电器和油流控制继电器接点容量为直流 220V 大于 0.3A 或直流 110V 大于 0.6A，用于重瓦斯保护的一般应有 2 对接点。新安装交流变压器本体重瓦斯及换流变压器本体、有载分接开关重瓦斯保护均应设 3 对接点。

（7）应配置耐腐蚀材质防雨罩，避免接点受潮误动。安装后应检查防雨效果。

(8) 气体继电器安装坡度不宜过大，沿气体继电器方向，联管应有 1‰～1.5‰的升高坡度，气体继电器壳体标注的箭头标志应清晰且指向储油柜。采用利于二次接线头防水的安装方式（下倾式），气体继电器二次软管不得高于二次接线盒接口，避免雨水沿软管进入继电器。

6.1.1.2 压力释放阀

(1) 变压器本体应安装压力释放阀，应根据变压器油量合理配置压力释放阀数量（110kV 变压器应配置 1～2 只，220kV 及 500kV 变压器应配置 2 只及以上），每只压力释放阀应有动作接点单独动作于信号。

(2) 应选用微动开关全密封的机械式压力释放阀。

(3) 压力释放阀宜安装在变压器油箱顶盖。当按油量要求需装设 2 只时，应按长轴方向两端各安装 1 只。

(4) 在变压器出厂前、投运前、大修以及必要时，需对压力释放阀进行校验，并做好相应记录。

(5) 压力释放阀的释放压力应与油箱机械强度实现良好配合，可重复动作。

(6) 本体压力释放阀应选用带导向罩的压力释放阀，并应设有排油管引向地面附近以引导向下排放油气（使油远离控制箱等），但不应对准取样位置。排油管管径不应小于压力释放阀管径，应留有足够通流面积，确保油的释放通道畅通。

(7) 应配置耐腐蚀材质防雨罩，避免接点受潮误动。安装后应检查防雨效果。

(8) 压力释放阀应采用利于二次接线头防水的安装方式（下倾式）。压力释放阀与油箱间应装设阀门，并具有明显的动合标识。

6.1.1.3 速动油压继电器

(1) 电力变压器运输过程中，不宜将速动油压继电器安装在变压器上。现场安装前，可采用手动测试装置进行测试，验证其功能。

(2) 变压器投运前和停电时需对保护回路进行传动试验，传动信号直接来自速动油压继电器的内部接点。

(3) 采用强油循环作为冷却系统的电力变压器，速动油压继电器不应装在靠近出油管的区域，以免在潜油泵启动和停止时发生误动作。

(4) 速动油压继电器应垂直油箱侧壁安装，放气塞置于上端。速动油压继电器正确安装后，需拧松放气塞，直到少量变压器油溢出后，再将放气塞拧紧。

(5) 速动油压继电器宜投信号。

(6) 当内部压力上升速度大于 2kPa/s 时，速动油压继电器对应不同的压力上升速度应有不同的保护动作时间。

（7）应配置耐腐蚀材质防雨罩，避免接点受潮误动。安装后应检查防雨效果。

6.1.1.4 变压器用温控器

（1）变压器应装设温度保护，当运行温度过高时，变压器上层油温和绕组温度分两级（即低值和高值）动作于信号。

（2）油温度计安装时温包应全部插入有油的套筒内，套筒应密封良好。变压器投运前和停电试验时应对油温度计进行校验（包括进行油温度计触点回路电气绝缘试验及触点动作情况检查），现场温度计指示的温度、控制室温度显示装置、监控系统的温度应基本保持一致，误差一般不超过 5℃。

（3）油温度计的安装位置应能使运行人员清晰地看到油温指示。油温、油位及油温关系曲线应统一朝向和位置，以便巡视比对。

（4）220kV 及以上变压器应至少配置 1 组绕组温度控制器和 2 组油温度控制器测量装置，110kV 变压器应至少配置 1 组绕组温度控制器和 1 组油温度控制器测量装置。

（5）绕组温度控制器和油温度控制器除在变压器本体上提供观看外，温度信号就地转换为 4～20mA 的输出电量与监控系统相连，其带电接点宜为插拔式结构。

（6）油面测温装置的准确度等级不应低于 1.5 级，绕组温度计的准确度等级不应低于 2.0 级，油面测温装置和绕组测温装置的内置（4～20）mA 模拟输出模块可在不停电下进行更换。

（7）严格遵照说明书要求，安装和使用绕组温度计。根据主变压器额定电流、所用 TA 变比、绕组对油温升值等参数，对照电流匹配器技术参数表，选定电流匹配器型号及输出电流接线端子。由于绕组温度计是间接的测量，在运行中仅作参考。

（8）绕组温度控制器和油温度控制器可根据需要配置 2～4 对接点，接点容量为直流 220V 大于 0.3A 或直流 110V 大于 0.6A，以满足报警、启停冷却器等要求。

（9）主变压器投运前或大修时，重点检查绕组温度计所用主变压器套管 TA 电流回路完整性，防止开路。

（10）应配置耐腐蚀材质防雨罩，避免接点受潮误动。安装后应检查防雨效果。

6.1.1.5 油位计

（1）变压器本体应设置油位过高保护和油位过低保护，均动作于信号。

（2）磁耦合式油位计新装在储油柜上后，应对油位计的操作性能进行检查。浮球处于储油柜最底部时，油位计表盘指针应指向 0（MIN），即最低油位，同时发油位低告警信号；浮球上升至连杆可达最大高度时，油位计表盘指针应指向 10（MAX），即最高油位，同时发油位高告警信号。

（3）变压器储油柜注满油后，依据油位油温曲线，通过注、放油管注油或放油，调节油位计表盘指针指示到与现场油温对应的油位。停电检修时，应对油位计进行校核。

（4）换流变压器应配置两套基于不同原理的储油柜油位监测装置。

6.1.1.6 SF$_6$ 气体密度继电器

气体密度继电器应满足 GB/T 11287《电气继电器　第 21 部分：量度继电器和保护装置的振动、冲击、碰撞和地震试验　第 1 篇：振动试验（正弦）》和 GB/T 22065《压力式六氟化硫气体密度控制器》中二级振动试验要求和防护等级的相关要求。

6.1.1.7 断流阀

断流阀安装在储油柜与变压器的联管中，安装时阀体不应有倾斜，油流冲击方向指向变压器方向。正常运行时，阀板应处于运行状态，并用螺钉锁死手柄。

6.1.1.8 变压器冷却器用油流继电器

（1）当油流量达到动作油流量时，油流继电器发出正常信号；当油流量达到返回油流量时，油流继电器发出告警信号。

（2）油流保护动作油流量和返回油流量的整定值应根据潜油泵额定流量、联管截面积等参数确定。

6.1.1.9 冷却系统

（1）自然油循环风冷、强迫油循环水冷、强迫油循环风冷变压器，应装设冷却系统故障保护，当冷却系统中个别部件（风机、油泵、油流继电器）出现故障时应发信号。

（2）自然油循环风冷变压器，其冷却方式为 ONAN/ONAF，冷却器（风机）全停应发信号，不设出口跳闸，并应在 1h 内将负荷控制在变压器自冷容量以内。

（3）对强迫油循环风冷、强迫油循环水冷变压器，应装设冷却器全停保护。对同时具有多种冷却方式（ONAN、ONAF、OFAF、ODAF 等）的变压器，当冷却器系统故障切除全部冷却器时应发信号。对具备自冷能力的变压器，应在 1h 内将负荷控制在变压器自冷容量以内，对不具备自冷能力的变压器，应按要求整定出口跳闸。

（4）为防止变压器冷却装置电源故障导致变压器跳闸停电，强迫油循环变压器的冷却装置必须有两个相互独立的冷却装置电源，并装有自动切换装置，电源切换延时设置为 5s。两个冷却装置电源不应共用一个相序继电器。

（5）对有两台或多台油泵的变压器，应具备自动逐台延时启停功能，延时时间不少于 30s。

（6）冷却器控制柜应密封良好，具有驱潮装置。主变压器停电检修时应检查各接点接触情况。

（7）强油循环的冷却系统必须有两个相互独立的电源并装有自动切换装置，且定期进行切换试验。

（8）对于强油循环风冷变压器，当冷却系统故障切除全部冷却器时，允许带额定负载运行 20min。如 20min 后顶层油温尚未达到 75℃，则允许上升到 75℃，但冷却器全停的最长运行时间不得超过 1h。

（9）设置三个光字信号：上层油温达 75℃ 时发"油温高"光字信号，不带自保持；冷却器全停时，发"冷却器系统故障全停"光字信号，不带自保持；当冷却器全停保护动作后，应发出"冷却器系统故障全停跳主变压器"光字信号，带自保持。

6.1.1.10　辅助装置（端子箱）

（1）主变压器本体非电量信号公共端应该分开布置。

（2）箱体消防联动接线需使用端子排，端子排性能要求如下：采用耐压等级 1000V，阻燃 V0 级的压接型端子，所有金属件为铜质。端子排间应绝缘良好，每个端子应标有序号，每节端子之间应有分隔标示端子。交流输入端子间应用空端子或绝缘隔片分区隔离。交直流不同电源分开，强、弱电端子之间应有明显标志并设空端子隔开或设加强绝缘的隔板，箱内交流空气开关与二次回路的端子排中间要以绝缘板隔开。箱体外壳防护等级：≥IP30；外壳防撞等级：≥IK10。端子箱（控制箱）应具备防潮抗凝露措施，可根据用户需要选择配置由温湿度控制器自动控制的防潮抗凝露电加热器或智能半导体除湿器装置。

6.1.2　电力变压器非电量组件验收技术要求

（1）新安装装置验收。建设单位和施工单位应提供资料：变压器试验报告，主要包括气体继电器检验报告、压力释放装置检验报告、温度表计检验报告；厂家提供的非电量保护定值整定说明。

（2）运行设备的检验验收。现场应具备资料：正式的非电量保护定值通知单。

（3）变压器本体引下的非电量保护二次电缆应选择耐油、屏蔽、绝缘和机械性能好的产品。气体继电器、压力释放装置、温度测量装置的二次接线符合设计图要求，二次电缆敷设整齐、标号清晰完整。绕组温度的电流匹配器整定合理。

（4）冷却系统运转符合设计要求，各相关信号能正确发出。各套非电量组件整组功能符合要求，各种声光信号符合设计及现场运行要求。

（5）应对变压器非电量组件进行整组试验，模拟各套非电量组件确能按整定值跳开变压器各侧断路器，全部信号能正确发出。验收过程中不宜采用直接短接出口接点的方式进行整组试验。

（6）验收合格后，现场运行记录本上应有施工单位或调试单位（部门）的详细记录，并且经施工（调试）单位和生产运行单位（部门）双方签字确认。

6.2　电力变压器非电量组件定值整定要求

6.2.1　定值整定总体原则

定值整定是电力变压器非电量保护调试的依据，每台变压器对应一份非电量保护定值通知单，应包含以下定值：变压器本体瓦斯、有载分接开关瓦斯、冷却器全停、压力释放、电流越限闭锁调压、油温、油位等。

6.2.2　定值整定技术要点

（1）气体容积及流速保护。电力变压器本体、有载分接开关气体继电器轻瓦斯报警动作与信号的容积整定：继电器气体容积整定要求在 200～300mL 范围内可靠动作（50、80 型气体继电器，轻瓦斯气体容积值 250～300mL；25 型气体继电器气体容积值 200～250mL）。

变压器正常运行时，本体轻瓦斯保护应投信号，本体重瓦斯保护应投跳闸。在运行中进行油处理、更换潜油泵、更换呼吸器硅胶等工作时，本体重瓦斯保护应改投信号。

油浸式变压器（换流变压器、电抗器）本体流速保护整定值一般由变压器厂家或者有载分接开关厂家提供，一般满足表 6-1 要求。

表 6-1　　　　　气体继电器流速保护整定要求（推荐）

电压等级（kV）	连接管内径（kV）	冷却方式	动作流速整定值（m/s）
35	φ50	油浸自冷或油浸风冷	0.7～1.0
66			
35	φ80	油浸自冷或油浸风冷	0.8～1.0
66			
110	φ80	油浸自冷或油浸风冷	0.8～1.0

续表

电压等级（kV）	连接管内径	冷却方式	动作流速整定值（m/s）
220	$\phi80$	油浸自冷或油浸风冷 或强迫油循环风冷却	0.8～1.0
220		强迫油循环风冷	1.0～1.5
330	$\phi80$	油浸自冷或油浸风冷或 强迫油循环风冷	1.0～1.5
500			
750			
1000			
±120			
±500			
±800			
±1100			

其他管径的气体继电器整定值由用户和变压器厂家协商确定。

（2）冷却器全停保护。强迫油循环变压器冷却器全停延时动作于跳闸。经温度闭锁时上层油温整定为 75℃，时间为 20min；不经温度闭锁时间整定 60min。油流继电器内部的油流流速应符合表 6-2 要求。

表 6-2 油流继电器保护整定要求（推荐）

管路标称直径（mm）	额定油流量 Q_e(m³/h)	动作油流量 Q_d(m³/h)	返回油流量 Q_f(m³/h)
50	25，30，40，50	$15 \leqslant Q_d \leqslant 0.75Q_e$	$Q_f = 0.75Q_d$
80			
100	60，80，90，100， 120，135，150	$40 \leqslant Q_d \leqslant 0.75Q_e$	

（3）压力释放保护。压力释放阀正常运行中投信号。新投或大修变压器充电时投跳闸，试运行 24h 后投信号。压力释放阀的动作开启压力和关闭压力一般应满足表 6-3 和表 6-4 要求，各变压器的具体整定值由用户和变压器厂家协商确定。

表 6-3 压力释放阀开启压力（推荐）

喷油有效口径（mm）	开启压力（kPa）
25	15，25，35，55
50	
80	35，55，70，85
130	

表 6-4 压力释放阀关闭压力及密封压力（推荐）

开启压力（kPa）	开启压力偏差（kPa）	关闭压力（不小于）（kPa）	密封压力（不小于）（kPa）
15		8	9
25		13.5	15
35	±5	19	21
55		29.5	33
70		37.5	42
85		45.5	51

（4）速动油压保护。速动油压继电器（突变压力继电器）作用于信号。其动作压力值一般 25kPa×（1±20%）。

（5）油温保护。变压器油顶层温度、绕组（线温）温度保护宜作用于信号。自然循环自冷、风冷却变压器，上层油温度计（表）报警温度整定为 85℃；强迫油循环风冷却变压器，报警温度整定为 75℃，绕组温度计（表）报警温度整定为 100℃。

（6）油位保护。变压器油位保护作用于信号。在油位升高到最高油位或降低到最低油位时，可靠地发出报警信号。

（7）其他保护可根据电力变压器运行状态来整定。

第7章
电力变压器非电量组件检测新技术

特高压交直流输电技术因具有输电距离远、输送容量大、线路损耗小，适用于远距离大功率输电和区域电网互联等优点而迅速发展。然而随着特高压工程的建设，运行经验的不断积累，超、特高压变压器故障特征与常规变压器（电抗器）故障特征有很大不同，其中如何实现对非电量组件状态参量的实时监控，是未来电力变压器非电量组件发展的重要方向。同时，电力变压器非电量组件将会朝着高性能、高可靠性、电子化、智能化、组合化、零部件通用化的方向发展。非电量组件将在主变压器保护、状态监测、自诊断等方面与多种电量在线监测实现多元信息融合，能够为电网可靠安全运行提供支撑。

7.1 气体继电器

变压器发生轻微故障时，轻瓦斯动作，发出报警信号。而变压器经历严重故障时，轻、重瓦斯先后动作，发出报警信号并跳开三侧开关。现有的气体继电器结构，只有当气体容量达到报警设定值时，轻瓦斯才会报警，而变压器内部故障何时发生、何时突变、发展变化过程均无法反映，且只能对最终状态反馈报警信号，并且也无法反映变压器故障发展速率的气体容积增量，因此也无法及时判断设备内部故障严重程度。

从近年来设备事故现象分析，从轻瓦斯报警到爆炸燃烧间隔时间非常短，原有的保护方式已不能适应设备的保护需求，为保护人身和设备安全，避免由故障发展为严重事故，迫切需要研发新的变压器保护方式，在故障初期即轻瓦斯动作前就发现故障苗头，有针对性地提前安排处理措施，避免事故恶性发展。

目前，对于气体继电器的研究主要集中在气体容积值、连管内的稳态油流的实时监测上。

7.1.1 模拟（信号）测量装置–模拟式气体体积测试技术

气体继电器（见图 7-1）可通过配备电容探头来实现气体体积模拟测量在 $50 \sim 300 \text{cm}^2$ 间的气体体积在线监测。

当故障气体在变压器油中逐渐上升，聚集在气体继电器内并挤压变压器油液

图 7-1　智能气体继电器

面，导致气体继电器内部油面高度下降。随着液面位置的变化，测量探头的电容量也会发生变化。这种变化被转换成模拟电流信号。气体继电器中变压器油液面的改变引起测量探头的电容量发生变化，根据这一点得出测量数据。

7.1.2　重瓦斯流速在线检测技术

连接气体继电器的联管内充满变压器油，可以利用超声波流量计测量的方式检测联管内变压器油的流速。

超声波发生器为一固定声源，随流体以相同速度运动的固体颗粒与声源有相对运动，该固体颗粒可把入射的超声波反射回接收器。由于多普勒效应的存在，入射声波与反射声波之间存在一定的频率差，通过这种流体中的声波频移现象，可以建立其相关性，进而计算出其流体流速，通过计算发现，产生的频率差正比于流体流速，因而可以通关测量频率差就可以求得流速。

实现对气体继电器联管内油流流速的实时监测，目前国内已对此进行研究。有些变压器生产厂家在其新型变压器上加装有流速检测装置，能够实现对油流流速的监测。

针对早期安装的油浸式电力变压器流速值无法实时监测的状况，已有国内厂家开发出用于实时监测安装气体继电器联管内的稳态流速的检测装置，并在某110kV 变电站可靠运行。

其原理图如图 7-2 所示。

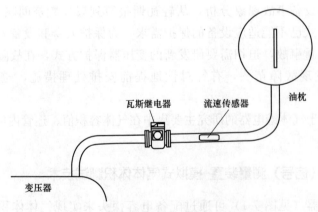

图 7-2　油流流速在线监测安装示意图

有部分国内厂家正在研发基于多参量信息的智能气体继电器，能够实时监测气体继电器内的油流流速及聚集的气体体积，也能够在轻瓦斯聚集的气体达到某一设定阈值时，自动分析聚集气体的成分、产气速率且对继电器接线盒内部状态进行监控，更早地发现变压器故障，合理应对，变被动检修为主动预防，避免发生事故。

7.2　压　力　释　放　阀

7.2.1　压力释放阀不拆卸测试技术

压力释放阀经过多年运行后，各种恶劣的运行条件（特别是高温）会破坏其密封及其绝缘性能，出现漏气、开启压力不合格、开启后不能及时关闭或关闭不严等问题。设备继续运行容易产生渗漏、误报或拒动，引起变压器非计划停运甚至故障范围扩大。

因此，部分运维单位一般在变压器解体检修时更换压力释放阀来确保其运行的可靠性。但目前执行状态检修后，变压器解体检修的时间间隔越来越长，无法保证压力释放阀（开启动作是否灵敏、是否卡堵、密封圈是否老化粘连、变形或损坏漏油及信号开关是否正常）能够得到及时校验，无法准确管控压力释放阀的状态。

目前已有部分厂家开发了一种定性不拆卸检查压力释放阀的测试系统，可以通过对停运的变压器油系统加压，加压至压力释放阀的开启压力时，测试压力释放阀的动作特性，进而判断压力释放阀的动作状态。

压力释放阀在线测试原理如图 7-3 所示。

通过在原压力释放阀的排油管路上，加装两个阀门，分别为在排油管路上串联一个同样口径的试验阀，以及在试验阀上端并联一个小溢流阀。

测试时，将试验阀关闭，防止变压器压力释放阀动作后无法复位造成变压器油大量流失。对变压器油系统缓慢加压，当溢流阀有油溢出时，再将溢流阀关闭，从而定性判断压力释放阀的动作特性。

图 7-3　压力释放阀在线测试原理

7.2.2 压力释放阀排泄量提升技术

压力释放阀（见图7-4）是机械式的泄压装置，为适应变压器全密封运行的特殊性，目前压力释放阀释的喷油口径最大只达到130mm，此喷油口径下的压力释放阀设计泄压能力只能保护变压器内故障压力速率低于15kPa/ms时故障产生的压力，故障压力速率超过此限值易造成变压器油箱损坏。

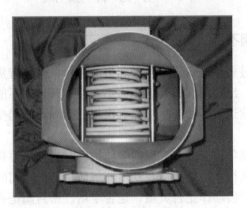

图7-4 压力释放阀

为了保证压力释放阀更好地起到应用的功能，提升压力释放阀动作时排泄量，增加压力释放阀的喷油口径、改变压力释放阀导向装置的大小成为新的研发方向。

7.3 速动油压继电器

目前的变压器用压力监测与保护的装置，多采用机械式速动油压继电器。当压力上升率达到设定值范围时，输出一个开关量用于报警，但不足之处有几个方面：

（1）不能在线检测油箱内的即时压力。

（2）输出的电信号只是反映压力上升率的一个开关量，不能为监控系统提供实时油箱压力报警的信号。

（3）机械式速动油压继电器不能实现远程监控。

针对机械式速动油压继电器的不足，数字式速动油压继电器可完成在线监测变压器油箱中压力值及压力上升率的在线监测，具有以下特点：

（1）可从液晶屏幕上远程即时观测油箱内的压力值，压力实时监测、准确可靠。

（2）可带有 RS485 通信口，计算机通过该通信口可方便读取各种仪表状态，或遥控仪表及其对产品的参数设定。

（3）输出 4～20mA 标准电流信号（或 1～5V 标准电压流信号），供其他仪表使用。

（4）相对于机械式速动油压继电器，数字式速动油压继电器具有三个继电器报警点输出，即两个压力报警点，一个压力上升率报警点。

（5）数字式速动油压继电器电磁兼容性好。

数字式速动油压继电器随着油箱内压力变化，传感器输出 4～20mA 的标准电流信号并传递到后台控制系统。压力信号在保护仪内部首先经过 AD 转换成数字信号，由管理系统监测压力上升率和压力值。通过动态数据曲线，能够有效甄别速动油压继电器是动作情况，对变压器安全运行也有重要意义。

7.4 变压器用温控器

变压器、发电机等高压电气设备，是发电和输变电系统的关键设备。产品的安全可靠和使用寿命对整个输变电系统至关重要。这些高压设备采用封闭结构，长期工作在高电压、大电流、强磁场的环境中，一些连接部位等因老化或接触电阻过大而发热使得热量聚集，发热产生的温升一方面增加了输电系统的损耗，另一方面如果散热不良还会危及设备的正常运行，甚至会造成设备故障，产生的社会不良影响和经济损失不可估量。

目前，变压器绕组热点温度测量方法主要有热模拟测量法和间接计算测量法。热模拟测量方法是根据变压器负载损耗与负载电流成正比平方关系而发展的一种绕组测量方法。绕组温度表是在油温表的基础上配备一台电流匹配器和电热元件，通过温度叠加来反映变压器绕组温度。这种测温方法简单，但误差大。间接计算测量方法是通过计算各种关键参数和变压器负载电流值来计算绕组热点温度。其优点是方便、经济，缺点是测量有误差。

光纤测温是 20 世纪 70 年代发展起来的一门新型的测温技术。由于光纤具有体积小、质量轻、可挠、电绝缘性好、柔性弯曲、耐腐蚀、测量范围大、灵敏度高等特点，对传统的传感器特别是温度传感器能起到扩展提高的作用，完成前者很难完成甚至不能完成的任务。

（1）光纤测温法是利用光在光导纤维内传输的相位随温度参数的改变而改变的特点，光信号的相位随温度的变化是由于光纤材料的尺寸和折射率都随温度改变而引起的。

　　光纤光栅温度传感器（见图 7-5）最重要的就是它的传感信号为波长调制，测量信号不受光源起伏、光纤弯曲损耗、连接损耗和探测器老化等因素的影响，避免了一般干涉型传感器中相位测量的不清晰和对固有参考点的需要，能方便地使用波分复用技术在一根光纤中串接多个布拉格光栅进行分布式测量，很容易埋入材料中对其内部的温度进行高分辨率和大范围地测量。

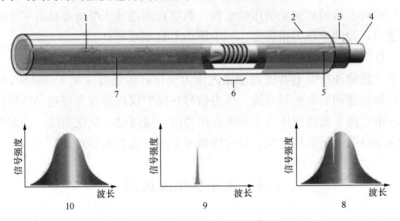

图 7-5　光纤光栅温度传感器

1—宽带入射光；2—涂敷层；3—包层；4—光纤纤芯；5—透射光；6—光栅光纤；

7—窄带反射光；8—透射光光谱；9—窄带反射光光谱；10—宽带入射光光谱

　　（2）荧光光纤温度传感器。光纤荧光温度传感器（见图 7-6）与其他光纤温度传感器相比有自己独特的优点：由于荧光寿命与温度的关系从本质上讲是内在的，与光的强度无关，这样就可以制成自校准的光纤温度传感器。

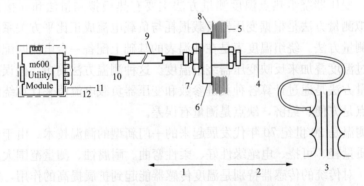

图 7-6　光纤荧光温度传感器安装示意图

1—变压器外部；2—变压器内部；3—变压器绕组；4—光纤探头；5—油箱壁；

6—组合板；7—贯通器；8—焊接位置；9—导线槽，10—外部光纤；11—电源；12—通信

7.5 油 位 计

随着电力工业的不断发展，超、特高压变压器已成为我国电网主网架变压器，其具有造价高、体积大及充油多等特点，而油量充足、油位准确可靠是保证变压器稳定运行的前提。

常用的测量储油柜油位方法有红外测温法、电磁式油位计等方法。

（1）红外测温法。红外线测温检测变压器油位的原理是通过储油柜表面接触油与接触胶囊位置的温度不同，使用红外线的感温效果来测量储油柜表面温度，通过红外线测温仪所拍摄的图像，进行色彩分析从而确定变压器实际油位。

红外线测温仪受环境、空间、温度的影响比较大，当气温与油温温差小、负荷低时，拍摄的油位线位置模糊、难以辨识。

红外成像图谱如图 7-7 所示。

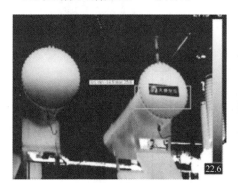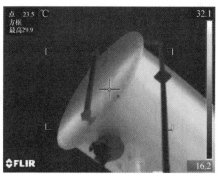

图 7-7 红外成像图谱

（2）电磁式油位计。电磁式油位计是目前大、中型变压器储油柜油位测量装置应用较为普遍的一种油位计。其基本原理：当储油柜内油位发生变化，使得油位计连杆上的浮球（位于储油柜中）上下摆动，带动油位计的转动机构转动，通过磁耦合器及指针轴的转动，将储油柜的油位在表盘上通过指针指示出来。

由于大型变压器处于强磁场及强振动状态下，磁耦合系统及指针传动系统易受到外界因素干扰，从而影响储油柜油位测量的精确度。

一种简单的检测方式是从变压器本体注放油阀处连通一根软质、透明的塑料管，用相应电压等级的绝缘操作杆将塑料管的一头捆绑送至与变压器储油柜上沿齐平，并靠近储油柜圆截面，利用茶壶连通器原理，塑料管内油面压力与变压器储油柜油面压力相同，塑料管内的油面高度即为变压器储油柜油位。为了方便工作人员观察和记录油位，可在塑料管内放置一枚可自由活动的红色浮子，红色浮子的位置即为储油柜内油面油位，如图 7-8 所示。

此种测量方法也可应用在该变电站漏油主变压器的储油柜油位测量，通过储油柜尺寸和 0 刻度油位线，对比油位计指示油位和上层油温时，油温-油位表所得的油位结果，可以检测变压器储油柜真实油位是否在油温-油位曲线中的正常范围内。

新型油位检测方式：

基于双压强的油位检测方法。双压强传感器检测方法是在储油柜放油管下部按一定高度差取两个测点，分别安装压强传感器。通过测量两个测点处变压器油的压强，来计算储油柜内变压器油的高度。测量原理图如图 7-9 所示。

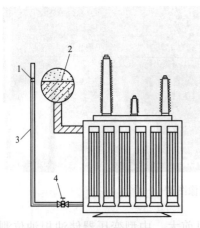 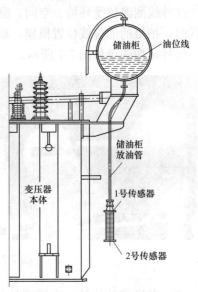

图 7-8　连通器测量油位原理图　　　　　图 7-9　测量原理图
1—浮子（指示油位）；2—真实油位；
3—透明联管；4—蝶阀

根据两个测点的压强测量值，以及两个测点的高度差（标定值），即可计算出 1 号测点与变压器油面之间的高度差。

7.6　变压器冷却器用油流继电器

油流继电器是变压器关键附件，其正常运行与指示反映了内部油流的变化情况，在实际运行中，如果出现潜油泵相序接反造成油泵反转导致油流继电器指针抖动，很可能会使油流继电器动板断裂，不但无法正常监视内部油流动情况，更严重会使断裂的动板随油流进入变压器本体，甚至造成短路故障的发生，严重影响电力变压器的安全运行。

利用多普勒原理，可以在油流继电器的联管加装多普勒流量计，通过多声道超声波流量计，首先测量得到不同流线上的平均流速，然后进行积分求和，实现计算液体流量及运动方向。

将电能转换为超声波能量，并将其发射到被测流体中，接收器接收到超声波信息，经主机计算和显示，测量准确度很高，几乎不受被测介质的各种参数的干扰，解决了其仪表不能克服的强腐蚀性、非导电性及易燃易爆介质等环境因素下的流量测量问题，避免了挡板以及其零部件脱落进入变压器内部，消除了影响变压器稳定运行的安全隐患。

7.7　SF_6 气体密度继电器

7.7.1　SF_6 气体密度传统监测手段

目前普遍采用一种机械式 SF_6 气体密度继电器来监测 SF_6 气体密度，即当 SF_6 电气设备发生漏气时，该继电器能够报警及闭锁，同时还能显示现场密度值。普通密度继电器触点一般采用游丝型磁助式电接点，其触点闭合时，闭合力很小，接触闭合不够牢靠。且最重要的是，在受到氧化或污染时，常发生电接点接触不良的现象，造成失效，产生严重后果。对于微水监测，目前普遍采用离线方法测量微水含量（主要采用便携式露点仪进行现场检测），其存在以下缺陷：

（1）属于非实时检测手段。这是一种非实时的定期检测方法，不能反映设备运行的变化趋势，也无法对 SF_6 气体微水含量的变化趋势进行预测，无法掌握电气设备的运行状况，不能及时预防和排除安全隐患，无法按智能化设备状态检修标准，准确评价、判断设备状况，难以实现电气设备的状态检修。

（2）测量受环境温度限制。露点仪的工作环境温度为 $-10 \sim +50 ℃$。但是，不同的环境温度，对测量误差的影响是不同的，并且北方的冬季和南方的夏季就不适宜做现场的 SF_6 气体微水含量测试。

（3）费时、费事、费气。采用露点仪测试时需长时间排放 SF_6 气体，这是由于取样管路含有湿气，测量时，在前 $3 \sim 5min$ 需要吹干取样管路。为了能够测试到 SF_6 电气设备内部的 SF_6 气体微水含量，就需要把一定量的 SF_6 气体排放出来，通常一个完整准确的测试周期需 $10 \sim 15min$。按标准取样气体流量，即 $30 \sim 40L/h$ 计算，一次测试需要排放 SF_6 气体约 8L。那么，在完成几次测试后就需

要补充 SF_6 气体。

（4）高昂的检测成本。供电公司为完成检测工作需配备检验人员、设备、车辆和高价值的 SF_6 气体。

（5）危害现场工作人员健康，污染大气。SF_6 气体自身为无毒、无害气体，但经过高温反应后会生成一些有毒、有害气体，对人身体有极大的危害。而且 SF_6 气体是一种温室气体，难以分解，国际规定也不能直接排入大气中。

基于上述分析，实现对 SF_6 电气设备的 SF_6 气体密度和内部微水含量状态的在线监测具有重要的现实意义。

7.7.2　SF_6 气体综合在线监测系统

SF_6 气体密度压力在线监测系统采用总线式分层分布式结构搭建，主要包括：过程层（传感器层）、间隔层（数据采集处理层）、站控层（监测主机）。过程层主要实现对 GIS 一次本体的 SF_6 气体密度、压力和温度信息的自动采集和测量；间隔层的测量 IED 负责完成监测数据汇集、数据加工处理和协议转换等功能；站控层主要负责 SF_6 监测数据的汇集、综合分析、故障诊断、存储和标准化数据转发等，具有实时数据展示、实时告警、趋势分析、报表打印、数据上传等功能。

典型 SF_6 气体综合在线监测系统拓扑图如图 7-10 所示。

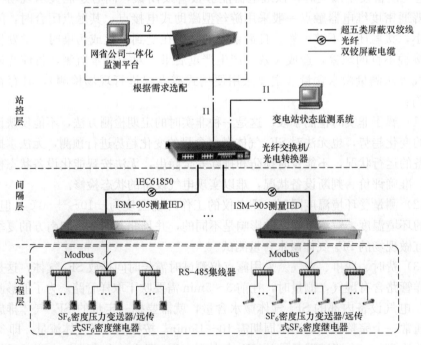

图 7-10　典型 SF_6 气体综合在线监测系统拓扑图

在线监测装置具有以下特点和意义：

（1）无需到现场即可在线监测电气设备，如 SF₆ 变压器中微水、密度、温度等参数。

（2）实现微水的压力与温度补偿、密度的温度补偿，使微水与密度数据真实可靠。

（3）经济，安全，可靠，环保，无排放。

（4）可以提高电网运行效益和打造绿色低碳电网，对倡导更经济节能的状态检修技术的推进，具有极大的促进作用。

7.8　非电量组件综合在线监测系统

在日益复杂的电网形态下，对变压器非电量组件性能的适应性提出了更高的要求，目前工程上多采用电流差动保护和瓦斯保护作为变压器的主保护。近年来，变压器故障出现了新动向，虽然非电量保护及时动作预警，仍然发生了设备损坏的重大事故。因此急需在设备故障状态下更有效、更快速的保护，在故障初期发现并切除故障，避免事故进一步恶化，并在报警后继续监测变压器状态，为运维人员提供变压器准确的压力、油温等参数，方便运维人员实时了解变压器的安全状况。

非电量保护的误动及拒动也会对电网安全运行造成严重的影响。根据相关统计数据，在各类保护故障动作中，非电量保护发生故障占比达到50%以上。当变压器遭受外部短路冲击、油泵启停、冷却器的不对称启停、油箱遭受外力后晃动、气温突变造成的油流涌动、端子盒进水以及放气操作不当等扰动，可能导致非内部故障的情况下的非电量保护误动。非电量保护的频繁告警与误动，均会增加现场运维人员的负担，甚至危及人身安全。

开展变压器非电量组件综合在线监测和故障诊断技术研究，通过对变压器内部故障暂态特性分析，掌握变压器严重缺陷演化与故障暂态特征的发展规律。通过全面揭示变压器内部运行状态的暂态特性，建立变压器故障情况下各物理参量变化趋势和耦合关系，结合新兴传感设备研究变压器非电量保护在线监测技术，全面实时感知变压器状态，及时发现变压器不正常运行状态，避免缺陷及故障的进一步恶化。通过结合各参量的变压器非电量保护综合在线监测技术，有效区分真实故障和误动情况，精准实现变压器内部故障的快速定位。

非电量综合在线监测系统如图 7-11 所示。

非电量组件综合在线监测系统，实时监控变压器上的温度、油流速度、气体容积、压力等物理量。通过计算机对采集数据分析、对比专家数据库，及时发现

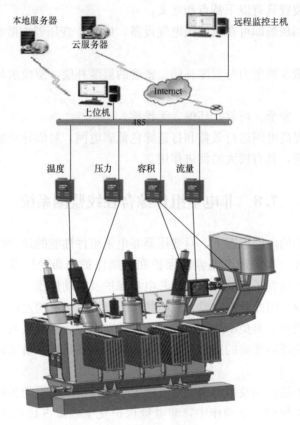

图 7-11　非电量综合在线监测系统

变压器可能存在的隐患，报警前提前发现误动、拒动，故障初期先行报警，避免
故障扩大，保证主变压器的安全运行。本项目的实施符合国家电网关于"智能电
网"和"状态检修"的相关规划，对提高变电站运行的自动化水平，降低变电站
巡检人力、降低非计划停电率、保护运维人员生命安全等，为主变压器状态分析
提供运行过程数据依据，对电网经济安全运行具有重要的意义。

7.9　非电量组件检验数据分散式管理系统

　　非电量校验设备大布置分散，各单位开展情况不一、缺乏统筹规划及有效监
管。存在校验数据信息传递不及时，历史数据不能有效统计汇总，数据是否准确
不能及时比对的缺陷，无法对异常设备及早发现、诊断分析。

　　为解决此类问题，未来可依托大数据技术，运用云数据中心、微应用的设计

思想，实现从非电量组件校验数据的采集、验证、集中统一到云存储等完整周期的物联应用解决方案，帮助相关单位从传统信息转化到云计算和大数据平台技术的转换升级。

分布式管理系统如图 7-12 所示。

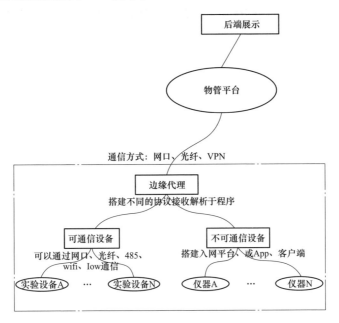

图 7-12　分布式管理系统

非电量组件校验分布式系统实施后，具备以下优势：

1）数据共享，高效传递。

2）校验设备云管理：连接管理区域内所有的非电量保护装置及校验设备，汇入大数据平台。

3）校验状态监控：实时、全面查询非电量保护装置及检测设备的校验状态。

4）校验数据上传云：校验数据实时上传，实时汇总分析，及时发现问题，提供决策依据。

5）云权限管理：按需开放校验数据查看范围，方便专家会商。

6）数据溯源管理：根据量值传递定义，追溯到上一级的标准数据管理。

7）可根据时间安排有序完成报表阅批。

8）数据远程浏览，授权用户随时查阅；高效数据管理、证书打印。

9）数据安全，多级权限管理，严格控制访问源；数据自动备份，可靠恢复，防止数据丢失。

10）大数据分析，提前发现共性问题，趋势判断，及时预警，预防事故发生。

分布式数据管理系统实施后，通过建立的省市级非电量组件及非电量组件校验设备数据库，能够实时汇总相关数据进行分析，并将设备状态信息反馈给运维管理人员，进行科学正确的决策，提高电网运行可靠性和安全运行水平。

附录 A

A.1 电力变压器非电量组件性能检测报告（模板）
气体继电器校验数据报告

记录编号：

送检单位		安装地点	
送检日期		送检人员	
继电器铭牌信息			
规格型号		出厂编号	
生产厂家		出厂日期	
一、外观及动作可靠性检查			
二、密封性试验（测试条件 0.2MPa 20min）			
三、流速整定值试验（单位：m/s）			
流速1：	流速2：	流速3：	均流速：
四、气体容积值整定试验（单位：mL）			
容积值1：	容积值2：	容积值3：	均容积值：
五、干簧触点试验			
触点断开容量试验：		触点电阻：	
六、绝缘强度试验（用2500V绝缘电阻表）			
接线端子对外壳：_____ MΩ		干簧接点之间：_____ MΩ	
七、耐压试验			
1	接线端子对外壳：_____ V，历时_____ min 无击穿或闪络		
2	干簧接点之间：_____ V，历时_____ min 无击穿或闪络		
3	信号端子对跳闸端子：_____ V，历时_____ min 无击穿或闪络		
八、备注			
校验		审核		批准	

A.2 压力释放阀校验数据报告

记录编号：

送检单位		安装地点	
送检日期		送检人员	
继电器铭牌信息			
规格型号		出厂编号	
生产厂家		出厂日期	
喷油口径			
一、外观检查			
二、信号开关检查			
信号开关接点间绝缘试验：		信号开关接点端子对地绝缘试验：	
信号开关切换及自锁			
三、时效开启压力试验			
时效开启值：		时效关闭值：	
四、开启压力试验			
次数	开启压力值（kPa）	关闭压力值（kPa）	
第一次			
第二次			
第三次			
第四次			
第五次			
第六次			
第七次			
第八次			
第九次			
第十次			
平均值			
五、密封性能试验			
初始压力： _____ kPa	结束压力： _____ kPa	密封时间： _____ min	
渗漏率：			
六、备注			
校验		审核		批准	

A.3 速动油压继电器校验数据报告

记录编号:

送检单位		安装地点	
送检日期		送检人员	
继电器铭牌信息			
规格型号		出厂编号	
生产厂家		出厂日期	
喷油口径			
一、外观检查			
二、外观检查情况			
三、绝缘强度试验			
继电器端子之间			
继电器端子对地			

四、动作特性试验

动作测试点	动作时间1（s）	接点1动作情况	动作时间2（s）	接点2动作情况
2				
4				
5				
10				
20				
50				
100				
200				
500				

五、密封性能测试

密封时间	min	初始压力	kPa	结束压力	kPa
渗漏率					

六、备注

检验		审核		批准	

A.4 变压器用温控器校验数据报告

记录编号：

送检单位		安装地点	
送检日期		送检人员	
温控器铭牌信息			
规格型号		出厂编号	
生产厂家		出厂日期	
量程范围		准确度等级	
分度值			
一、外观检查：			二、绝缘电阻				

	校验点温度							
三、示值检定	正行程	标准						
		示值						
	反行程	标准						
		示值						
	正行程误差							
	反行程误差							
	回差							
	重复性误差							
四、变送器输出	校验点温度							
	正行程	标准						
		示值						
	反行程	标准						
		示值						
	正行程误差							
	反行程误差							
	回差							
	重复性误差							
五、设定点误差及切换差检定	设定点温度							
	上切换差							
	下切换差							
	动作误差							
	切换差							
六、备注								

校验		审核		批准	

A.5 变压器用油位计检验数据报告

记录编号：

送检单位			安装地点	
送检日期			送检人员	
油位计铭牌信息				
规格型号			出厂编号	
生产厂家			出厂日期	
量程范围			检验介质	
准确度等级				
检测项目及结果				
一、外观检查				
二、气压密封性能	_____ MPa 的气压，历时 _____ min，无渗漏和变形			
三、油压密封性能	_____ MPa 的油压，油温_____℃，历时 _____ min，无渗漏和变形			
四、绝缘电阻	电气接点之间绝缘电阻_____ MΩ			
	电气接点与壳体间的绝缘电阻_____ MΩ			
五、电气强度试验				
六、真空强度渗漏率	_____ 的真空度，持续 10min，无渗漏和永久变形			
七、接点电阻：_____ Ω				

八、示值、输出值检验记录

标准器示值 （ ）	理论输出值 （ ）	油位计显示值/输出值（ / ）		示值误差 （ ）
			上行程	下行程	
		显示值			
		输出值			
		显示值			
		输出值			
		显示值			
		输出值			
		显示值			
		输出值			

九、设定点检验记录

油位计设定点		油位计实际动作值		设定点误差
低油位点		上行程		
		下行程		
高油位点		上行程		
		下行程		

十、其他

校验		审核		批准	

A.6 变压器冷却用油流继电器检验数据报告

记录编号：

送检单位		安装地点	
送检日期		送检人员	
继电器铭牌信息			
规格型号		出厂编号	
生产厂家		流量范围	
准确度等级			
测试依据标准			
检测项目及结果			
一、外观检查			
二、密封性试验			
三、绝缘电阻	电气接点之间绝缘电阻_____ MΩ		
	电气接点与壳体间的绝缘电阻_____ MΩ		
四、动作特性试验			

	第一次	第二次	第三次	平均流量
动作流量				
返回流量				

五、备注					
检验		审核		批准	

A.7 SF₆ 气体密度继电器校验数据报告

记录编号：

送检单位			安装地点	
送检日期			送检人员	
铭牌信息				
规格型号		制造厂家		出厂编号
精度等级		环境温度		量程范围
检测项目及结果				
一、外观检查				
二、零位检查				
三、绝缘电阻				
四、工频耐压				
五、指针偏转平稳性				
六、触点电阻		_____ Ω		

七、示值误差_____ MPa

标准器压力值	轻敲后被检仪表示值		轻敲位移		最大示值误差	最大回程误差
	升压	降压	升压	降压		

设定点偏差、切换差					
动作接点	设定值	动作值		设定点偏差	切换差	继电器校验结论
		升压	降压			

八、结论：根据以上各项检定结果，该仪表（合格/不合格）

校验		审核		批准	

A.8 断流阀校验数据报告

记录编号：

送检单位		安装地点	
送检时间		送检人员	
一、铭牌信息			
规格型号		出厂编号	
生产厂家		出厂日期	
二、外观检查			
三、动作流量试验			
第一次		第四次	
第二次		第五次	
第三次			
四、密封性试验：			
五、工作可靠性试验			
第一次		第六次	
第二次		第七次	
第三次		第八次	
第四次		第九次	
第五次		第十次	
六、绝缘强度试验：信号输出端子与外壳之间的绝缘电阻为			
七、耐 25 号变压器油试验			
八、手动复位		扭矩力：	
九、备注			
校验		审核		批准	

参 考 文 献

[1] 国家电网有限公司 . 国家电网有限公司十八项电网重大反事故措施（修订版）2018. 北京：中国电力出版社，2019.

[2] 束畅，吴胜，景瑶，等 . 500kV 变压器储油柜油位测量方法的改进 [J]. 安徽电气工程职业技术学院学报，2015（1）：48-50.

[3] 方海平 . 排油注氮装置在变电所变压器消防中的应用 [J]. 广西电力，2006.08：80-82.

[4] 徐心怡，宋人杰，曹家伟，等 . 基于双压强传感器变压器油位检测系统的研究与应用 [J]. 上海节能，2018.08：49-51.

[5] 江华生 . 500kV 变电所油浸电力变压器灭火系统的选用 [J]. 消防技术与产品信息，2001.06.

[6] 朱达 . 变压器用压力释放阀在线试验初探 [J]. 华电技术，2018.01：43-44.